# 特高压直流平波电抗器
# 运行状态研究

陈图腾 编著

中国水利水电出版社
www.waterpub.com.cn

## 内 容 提 要

本书基于±800kV 特高压直流输电工程平波电抗器基本理论，围绕特高压±800kV 平波电抗器运行特性，对±800kV 平波电抗器相关理论与设计、计算与试验、运行及维护、改进及评估等方面展开深入研究和总结分析。

全书共分六章，内容主要包括特高压直流平波电抗器概述、特高压直流平波电抗器工作理论、特高压直流平波电抗器的运行参数测量、特高压直流平波电抗器仿真研究、特高压直流平波电抗器运行与维护、特高压直流平波电抗器的改进。内容全面，资料翔实，对特高压直流平波电抗器的理解与研究起到很好的推动作用。

本书可作为从事特高压直流输电技术、检修、试验、研究、培训及管理工作的相关技术人员阅读教材，也可供电力院校相关师生学习参考。

## 图书在版编目（ＣＩＰ）数据

特高压直流平波电抗器运行状态研究 / 陈图腾编著
. -- 北京 ：中国水利水电出版社，2016.4（2022.9重印）
ISBN 978-7-5170-3861-0

Ⅰ. ①特… Ⅱ. ①陈… Ⅲ. ①特高压输电－直流－平波电抗器－研究 Ⅳ. ①TM478

中国版本图书馆CIP数据核字(2015)第290097号

策划编辑：杨庆川　　责任编辑：陈 洁　加工编辑：庄 晨　封面设计：李 佳

| 书　　名 | 特高压直流平波电抗器运行状态研究 |
| --- | --- |
| 作　　者 | 陈图腾　编著 |
| 出版发行 | 中国水利水电出版社<br>（北京市海淀区玉渊潭南路 1 号 D 座　100038）<br>网址：www.waterpub.com.cn<br>E-mail: mchannel@263.net（万水）<br>　　　sales@mwr.gov.cn<br>电话：(010)68545888（营销中心）、82562819（万水） |
| 经　　售 | 北京科水图书销售有限公司<br>电话：(010)63202643、68545874<br>全国各地新华书店和相关出版物销售网点 |
| 排　　版 | 北京万水电子信息有限公司 |
| 印　　刷 | 天津光之彩印刷有限公司 |
| 规　　格 | 170mm×240mm　16 开本　16.5 印张　320 千字 |
| 版　　次 | 2016年4月第1版　2022年9月第2次印刷 |
| 定　　价 | 48.00 元 |

凡购买我社图书，如有缺页、倒页、脱页的，本社发行部负责调换
**版权所有·侵权必究**

# 编委会名单

## （排名不分先后）

顾　问：李立涅
专家组：许爱东　吕金壮　蔡希鹏　文习山
　　　　谢国恩　吴玉坤　黎小林　赵林杰
　　　　郝志杰　林春耀　赵宇明　黄志雄
主　任：陈　兵
副主任：赵荣国　任达勇　林　睿
主　编：陈图腾
审核组成员：
　　　　禹晋云　曹继丰　常开忠　程建登　杨　涛
　　　　邓先友　邓本飞　蓝　磊　鲁海亮　刘　进
　　　　杨　铖　刘劲松　黎张文　魏　星　徐　峰
　　　　陈国峰
编写组成员：
　　　　王　羽　张　义　程德保　姜志鹏　韩建伟
　　　　吕俊瑶　陈　帆　吴　斌　柳　坤　张月华
　　　　张　猛　毛文俊　王国金　刘成柱　刘相宏
　　　　余　轶　王　丹　夏云礼　刘　畅　袁虎强
　　　　侯世金　张启浩　张家兴　毕　伟　夏向挺
　　　　黄殿龙　陈　倩　杨启宾　隋国平　苏志龙
　　　　蒋新华　周　乐　王小岭　徐　松　张　强

# 序

自 21 世纪以来，随着中国经济的高速发展，电力能源地域分布不均衡的问题更加突出。特高压直流输电占用的长距离输电线路走廊较交流输电更窄、费用更低，同时能避免交流输电规模增大带来的电网短路容量增大、交流电晕损耗和电磁辐射严重等问题，在一定条件下直流输电比交流输电有更佳的运行特性和经济效益。世界第一条高压直流输电线路建成于 1954 年，我国虽起步较晚，但发展势头迅猛，世界第一条特高压直流输电工程——±800kV 云广特高压直流输电工程于 2009 年投产。可以预见，特高压直流输电在未来的电网发展中仍将扮演重要角色。

平波电抗器是特高压直流输电工程关键的主设备之一。对限制逆变侧电压崩溃时的过电流、平抑传输直流电流中的纹波和防止沿直流线路入侵到换流站的过电压对换流阀绝缘的影响及保持低负荷工况下直流电流不间断有重要作用。我国早期的葛南和天广直流输电工程均采用国外公司成套供货的干式平波电抗器。国内厂家结合多年的研发和制造经验，自主研制出 ±800kV 平波电抗器，并在 ±800kV 云广特高压直流输电工程中稳定运行至今。如何对特高压平波电抗器开展有效的运维和检测，对现场的运行维护人员提出了新的要求和课题。

南方电网公司在积累两项特高压直流输电工程建设、调试和运行维护经验的基础上，组织多位技术骨干完成"特高压直流平波电抗器运行状态研究"的课题研究。它的完成从特高压平波电抗器相关理论与设计、计算与试验、运行及维护、改进及评估等多个方面为后续的直流输电工程平波电抗器的仿真计算、试验测量、运行维护和改进研究等提供依据和坚实基础，同时为现有直流平波电抗器的运行、检测、维护提供参考。希望本书能够为我国特高压直流输电工程设备的设计研发和运行维护水平作出贡献。

# 前　言

　　本书以典型特高压直流输电工程——±800kV 云广特高压直流输电工程为研究背景，围绕±800kV 楚雄换流站站内特高压平波电抗器运行展开深入研究，研究范畴包括平波电抗器五个方面：特高压直流平波电抗器理论研究、特高压直流平波电抗器试验测量方法分析、特高压直流平波电抗器仿真研究、特高压直流平波电抗器运行维护研究和特高压直流平波电抗器改进及效果评估。特高压直流平波电抗器运行状态研究涵盖电抗器相关理论与设计、计算与试验、运行及维护、改进及评估等方面的综合研究。

　　本书笔者先后完成特高压直流平波电抗器运行状态研究的国内外相关文献、相关国际以及行业标准和基础资料的收集工作，全程参与研究技术规范和实施细则的讨论以及制定，经过与协助单位的多次协商和调整后完成了特高压直流平波电抗器运行状态研究。

　　本书在实施过程中，得到了南方电网科学研究院、超高压输电公司及各合作单位专家和领导的大力支持和帮助，谨在此一并表示衷心的感谢！

　　鉴于笔者科研水平参差不齐、科研能力有限，受限于商业保密、试验设备、计算能力等客观条件，加之研究时间较短，特高压直流平波电抗器运行状态研究不可避免存在瑕疵，研究中错误和不足之处在所难免，敬希专家及同行批评指正。

编　者

2015 年 6 月

# 目　录

# 第一章　概述

平波电抗器是高压直流输电工程中的主设备之一，对于限制逆变侧电压崩溃时的过电流、平抑传输直流电流中的纹波和防止沿直流线路入侵到换流站的过电压对换流阀绝缘的影响及保持低负荷工况下直流电流不间断等具有重要的作用。平波电抗器具有绝缘可靠、特性好、重量轻、结构简单、使用维修方便等诸多优点，在高压直流输电工程中得到广泛应用。

早期，我国±500kV 超高压直流输电工程采用的平波电抗器均从国外引进，随着我国±800kV 特高压直流输电工程建设的不断开展和本土高压设备厂家研发能力的提升，作为高压直流输电系统关键主设备之一的平波电抗器，±800kV 平波电抗器的研制在国内外无成熟技术和成功经验背景下实现完全自主化，世界首台±800kV 特高压直流干式平波电抗器研制成功，并在某±800kV 特高压直流输电示范工程中得到应用。

随着输电工程电压等级的不断提高，电力负荷的不断提升，电磁环境日益成为社会和民众关心的重点，与电抗器相关的磁场计算、磁场测量以及磁场屏蔽研究逐步深入。当今数值计算方法的蓬勃发展和计算硬件性能的快速提升，围绕平波电抗器的研究工作日益细化、不断深入。然而，涉及特高压±800kV 平波电抗器的理论与设计、计算与试验、运行及维护、改进及评估等方面的综合研究亟待解决。

本书以某±800kV 特高压直流输电工程为研究背景，围绕特高压±800kV 平波电抗器运行展开深入研究，研究范畴包括平波电抗器五个方面：特高压直流平波电抗器理论研究、特高压直流平波电抗器试验测量方法分析、特高压直流平波电抗器仿真研究、特高压直流平波电抗器运行维护研究和特高压直流平波电抗器改进研究及效果评估。本书的五部分内容全面涵盖了研发、设计、运行、维护和改进等各个方面，各部分内容简述如下：

研究内容一：特高压直流平波电抗器理论研究。该研究内容从电抗器的功能用途、应用分类入手，对常见电抗器如并联电抗器、串联电抗器、限流电抗器、平波电抗器等进行介绍，分析各类型电抗器的工作原理及主要应用情况。基于干式电抗器的结构分析，介绍平波电抗器的三种类型，包括干式空心电抗器、干式铁芯电抗器以及新型的干式半芯电抗器，在设计、结构特点、生产工艺和技术特点进行比较分析。简述国内平波电抗器主要生产厂家现状，总结国内平波电抗器的科研成果，展望平波电抗器的发展趋势。结合国内平波电抗器生产厂家引进并消化平波电抗器的生产工艺技术背景，对国外平波电抗器生产厂家进行简介，并对国外学者关于干式空心电抗器的研究成果进行介绍。结合我国特高压直流输电工程，对平波电抗器在特高压直流输电工程中的实际应用进行总结分析。

研究内容二：特高压直流平波电抗器试验测量方法分析。平波电抗器在国内直流输电工程的占有率及国产化率较高的应用背景下，自主研发平波电抗器工艺水平和性能指数均达到国际领先水平。由于平波电抗器在换流站工况运行下的试验测量研究鲜有报道，鉴于此，本研究中，平波电抗器试验测量选取国内具有典型代表作用的四个换流站作为测量对象，对上述四个换流站站内不同极性的平波电抗器分别进行各方面参数测量。基于行业试验测量标准，参考工程试验测量经验，制定平波电抗器的试验测量方法，根据换流站站内高压设备布置的实际情况，合理布置试验测量点和试验测量区域，记录试验测量参数。

研究内容三：特高压直流平波电抗器仿真研究。作为直流输电换流站内的感性元件之一，国内外学者围绕平波电抗器数值计算方面展开了一系列研究。最初研究热点主要集中在自感与互感计算和磁场计算，随着计算方法的发展和计算软硬件的提升，围绕平波电抗器的研究工作日益细化、不断深入，如平波电抗器在换流站的优化布置研究，兼顾其稳定性和经济性；平波电抗器的电磁兼容研究，符合环境友好型，满足环境保护以及行业相关标准；平波电抗器的损耗及温升研究，使其达到绿色节能型、节能减排，对其运行监测、维护检修提供指导意见和参考依据。本研究内容在上述研究背景下，结合典型特高压直流输电工程，以某 $\pm 800\text{kV}$ 换流站站内平波电抗器为研究对象，展开一系列的数值仿真计算，并结合相关试验测量，检验仿真计算的准确性。

研究内容四：特高压直流平波电抗器运行维护研究。鉴于某 $\pm 800\text{kV}$ 特高压直流输电工程为全球首次建设，特高压直流平波电抗器在特高压直流输电工程中首次应用，缺乏相应的国际标准及国内标准。本研究内容参考其他高压设备的运行检修规范、归纳干式电抗器的常见故障，结合实际运行维护经验，对特高压直流平波电抗器的运行维护研究及其周期做出分析，对运行维护中的常见问题进行了系统的整理说明。

研究内容五：特高压直流平波电抗器改进研究及效果评估。平波电抗器是直流输电工程换流站内用的主设备之一，在直流输电工程中起着重要的作用。本书以某 $\pm 800\text{kV}$ 特高压直流输电工程的楚雄换流站平波电抗器为研究对象，总结已投入运行的直流工程平波电抗器设计原理与制造经验，对特高压平波电抗器的整体性能进行统计分析与研究，分别从平波电抗器运行状态的电场分布、磁场分布、平波电抗器在换流站直流场内的布置形式、造价及占地面积等多方面进行计算与分析，同时也对平波电抗器运行时的绕组温度分布进行了数值计算，得到了理想状态下绕组的温度分布云图。结合平波电抗器温度分布理论计算，选择合理的测温系统，研发平波电抗器智能在线监测系统，实时监测平波电抗器内部热点位置绕组温度分布并通过数据专家库系统实时判断温升是否异常，避免过热故障。

特高压直流平波电抗器运行状态研究的开展，可系统全面地对特高压直流平波电抗器进行深入研究，其中，特高压直流平波电抗器理论研究有助于科研人员及工程人员加深对平波电抗器的理解和认识，为其后的平波电抗器仿真计算、试验测量、运行维护和改进研究等提供依据和坚实基础。特高压直流平波电抗器试验测量方法分析总结换流站内的平波电抗器合成电场、磁感应强度分布情况，比较四个换流站工况情况下平波电抗器的温度、噪声和局放情况，为其巡检和维护提供依据及改进建议。特高压直流平波电抗器仿真研究有助于平波电抗器的设计研究，可为平波电抗器的技术改进提供建议，对平波电抗器的性能提升提供参考依据，同时为平波电抗器在特高压直流输电工程的运行、检测、维护等提供参考。特高压直流平波电抗器运行维护研究为平波电抗器的巡视项目、巡视周期和维护项目及维护周期提供规划，对常见问题进行系统分析，并给予解决方案。特高压直流平波电抗器改进研究及效果评估在前期的研究基础上，进一步优化计算布置方式，在温升研究基础上，研发适合于平波电抗器的智能在线监测系统，可有效预防过热故障，提高运行稳定性，从而提升直流输电工程运行可靠性。

# 第二章　特高压直流平波电抗器工作理论

## 2.1　理论概述

平波电抗器作为特高压直流输电工程中的关键设备之一，在直流输电系统中起到减少直流电压和电流的谐波分量，抑制故障电流上升速度，限制短路电流峰值等作用。

目前，平波电抗器工作原理、结构分析、绝缘特性等相关研究课题少有报道，有必要对直流系统中的关键设备——平波电抗器进行全面而综合的研究分析。因此，本章立足于特高压平波电抗器理论研究，从电抗器的功能、用途、分类逐一展开，由平波电抗器的两种类型——干式平波电抗器和油浸式平波电抗器进行比较，分析总结了平波电抗器的优点，引申到平波电抗器相关的理论研究，并重点分析了干式电抗器的外绝缘特性；分析平波电抗器匝间短路、漏电起痕、局部温升过高、漏磁等常见故障，并对故障原因进行一一解释；从平波电抗器的生产工艺、制造流程、材料结构等方面进行说明，结合我国特高压直流输电工程，对平波电抗器在特高压直流输电工程中的实际应用进行了总结分析。

本章全面地对特高压直流平波电抗器进行了研究分析，有助于提高工程人员对平波电抗器的理解和认识，为平波电抗器相关的仿真计算、试验测量、巡视检修等提供了理论依据和坚实基础。

## 2.2　电抗器工作原理分析

电抗器因为具有电感特性用于电力系统中的装置或器件，在电力系统中有无功补偿、限流、稳流（平波）、滤波、阻尼、移相等作用，是电力系统中一种常见的、重要的电力设备。例如大量运用在电力系统中的并联电抗器、串联电抗器、限流电抗器、接地变压器、消弧线圈、阻波器、防雷绕组等；以及大量运用在电力用户的串联电抗器、限流电抗器、限流分流电抗器、滤波电抗器、并联电抗器、起动电抗器、平波电抗器、平衡电抗器及其他电抗器等。

按电抗器结构的不同，电抗器可分为铁芯电抗器、空心电抗器。铁芯电抗器的优点是：容易做成高电压；对周围环境电磁干扰小；电抗器内绝缘故障可再修复。但也具有线性度不好、容易出现饱和；重量大，噪声大；维护工作量大、对防火要求高；结构复杂等缺点。空心电抗器具有线性度高、重量轻、机械强度高、噪声小、结构简单、维护工作量小、防火要求低等优点。而其缺点是不易做成高电压、对周围设备有磁场干扰、线圈内的绝缘故障不可修复。饱和电抗器和自饱和电抗器都是铁芯电抗器的一种，它利用磁性材料在高磁密下非线性的特点进行工作。但是由于其谐波污染较大，应用领域很小。

按照安装环境、使用条件则可分为户内式和户外式。一般情况下，干式铁芯电抗器为户内式；若户外使用，则需增加外壳并注意采用适当的冷却方式。空心电抗器具有磁路的开放性特点，所以空心电抗器大多数是户外安装；当容量小，室内空间足够并采取一定的防护措施时，空心电抗器也可用于室内；大容量空心电抗器由于开放性磁场的影响及室内空间的限制，一般不安装于室内。

按电抗器在电力系统中的用途不同可分为：并联电抗器、限流电抗器、线路平衡电抗器、平波电抗器、中性点接地电抗器、串联电抗器、滤波电抗器、双分裂电抗器。

大多数情况下需要在输电线路上装设电抗器、电容器等无功补偿装置，以此来改善线路的运行情况和提高远距离输电线路的传输能力。

限流电抗器是用于限制电力线路短路电流的。一般使用的是电抗值线性度较好的空心电抗器。限流电抗器分为一般限流电抗器和限流分裂电抗器。

消弧线圈是一个具有铁芯的可调电感绕组，它装设于发电机、变压器或接地变压器的中性点。当发生单相接地故障时，可形成一个与接地电流的大小接近但方向相反的电感电流，这个电流与电容电流相互补偿，使接地处的电流变得很小或等于零，从而消除了接地处的电弧及由它产生的一切危害。此外，当电流经过零值而电弧熄灭之后，消弧线圈的存在还可以显著减小故障相电压的恢复速度，从而减小了电弧重燃的可能性。

起动电抗器用于大型交流电机降压起动。起动时，电抗器与电动机串联，增加电动机起动回路的等效阻抗从而减少电机起动电流；起动后，电抗器即拆除，电动机直接接入电网运行。

在有各种谐波源的交流线路中，主要用滤波电抗器来滤去谐波电流从而使电源接近正弦波。

平波电抗器可分为干式平波电抗器和油浸式平波电抗器两种。干式平波电抗器与油浸式平波电抗器相比有如下特点：

（1）由支持绝缘子承担对地绝缘从而提高了主绝缘的可靠性；而油浸式电抗

器是由油/纸绝缘系统承担对地绝缘，相对而言比较复杂。

（2）无油，有一定阻燃能力，消除了火灾危险和环境影响问题，不需设置防火设施。

（3）功率倒送时不会产生临界电介质应力。

（4）无铁芯，在故障条件下不会出现铁芯饱和问题。

（5）运行维护费用低，维护工作量少。

（6）重量轻，一次投入费用低，有利于降低工程造价。

# 2.3　电抗器电气特性分析

## 2.3.1　电抗器的一般特性

电抗器有高压铁芯串联电抗器、高压空心电抗器、限流电抗器、低压串联电抗器、变频进出线电抗器、直流平波电抗器、水冷电抗器、磁控电抗器、相控电抗器、谐振电抗器、高压启动电抗器等多种。

（1）按用途分为 7 种。

1）限流电抗器：串联在电力电路中，限制短路电流。

2）并联电抗器：通常接在超高压输电线的最末端和地之间，用来抑制长线路容升效应，起到无功补偿的作用。

3）通信电抗器：又称阻波器，串联在兼作通信线路用的输电线路中。

4）消弧电抗器：又称消弧线圈，常常接在三相变压器的中性点和地之间，当发生单相接地故障时，提供感性电流，从而消除过电压。

5）滤波电抗器：主要被用于两个方面，一是用来减小整流电路中直流电流上纹波的幅值；二是用以消除电力电路某次谐波的电压或电流。

6）电炉电抗器：通过与电炉变压器串联来达到限制变压器的短路电流的作用。

7）起动电抗器：通过与电动机串联来达到限制电动机的起动电流的作用。

（2）按有无铁芯可分为 2 种。

1）空心式电抗器：电抗器线圈中没有铁芯，磁通通过空气形成回路。

2）铁芯式电抗器：其磁通全部或大部分经铁芯闭合。

（3）按绝缘结构又可分为 2 种。

1）干式电抗器：其线圈敞露在空气中。

2）油浸式电抗器：其线圈装在油箱中，以纸、纸板和变压器油作为对地绝缘和匝间绝缘。

### 2.3.2　干式及油浸式电抗器的电气特性

在低压电抗器中，干式空心电抗器的优点有：结构简单、重量轻、噪音低、不渗油、维护方便和无铁芯饱和、电抗值保持线性等。但是与油浸铁芯式比较，还存在着相当的不足。表 2.1 是油浸铁芯式并联电抗器和干式空心式电抗器在经济及技术上的比较。

表 2.1　两种电抗器的差异

| 项目及性能 | 经济、技术比较 | |
|---|---|---|
| | 油浸式铁芯并联电抗器 | 干式空心并联电抗器 |
| 冷却效果 | 较好 | 温升高 |
| 空载损耗 | 损耗低 | 损耗高 |
| 过励磁能力 | 一般 | 较好 |
| 噪声、振动 | 比干式空心大 | 比油浸式铁芯小 |
| 寿命 | 长 | 短 |
| 运行的可靠性 | 高 | 较低 |
| 运行的经济性 | 运行成本低 | 运行成本高 |
| 寿命周期成本 | 低 | 高 |
| 优缺点概述 | 影响供电时间较短、效果好 | 影响供电时间短，效果一般 |

注：寿命周期成本是制造成本和运行、维护、能耗、保险、检修的费用所构成的未来运行成本的总和。

### 2.3.3　干式铁芯与空心电抗器的电气特性

#### 2.3.3.1　干式铁芯电抗器的性能

铁芯电抗器的结构主要是由铁芯和线圈组成的。铁芯构成电抗器的磁路，在铁芯电抗器中的铁芯柱是带间隙的，其磁阻主要是取决于气隙的尺寸。由于气隙的磁化特性基本是呈线性的，所以铁芯电抗器的电感不取决于外在的电压和电流，而取决于其自身的结构参数。

（1）干式铁芯电抗器的铁芯。

铁芯材料通常采用高矽片（如 30Q140、30Q130）、中矽片（35WW270、300等），厚度通常为 0.35mm、0.3mm、0.27mm。

1）铁芯电抗器铁芯的特点是铁芯结构带气隙，因为衍射磁通含有较大的横向分量，所以将在铁芯和线圈中引起极大的附加损耗。因此为了减小衍射磁通，需将总体气隙用铁芯饼划分成若干个小气隙，铁芯饼的高度通常为 50～100mm。与铁轭相连的上下铁芯柱的高度应该大于等于铁芯饼的高度。

2）靠垫在气隙中的绝缘垫板形成了铁芯中的气隙。

3）铁芯饼能做成平行叠片形或者辐射叠片形（如图 2.1 所示），平行叠片形是由中间冲孔的矽钢片平叠而成，再用穿心螺杆、压板加紧成整体。它工艺简单，但由于气隙附近的边缘效应，电抗器在运行时，使得铁芯饼中向外扩散的磁通的一部分在进入相邻的铁芯饼叠片时，与硅钢片平面垂直，这样会引起很大的涡流损耗，可能在局部形成过热，并且可能引起较大的噪声。因此，它通常适用于较小容量的电抗器。

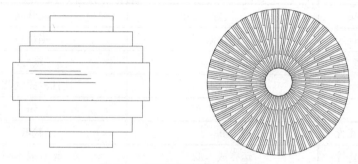

图 2.1　平行与辐射叠片形铁饼

4）在辐射叠片式的铁芯饼中，必须借助其他的方式进行固定，因为硅钢片之间没有拉螺杆和压板加紧。在干式变压器类电抗器中，绕组对铁芯、夹件、绕组之间以及绕组中匝间、层间等部位的粘接和绝缘主要使用高（中）分子材料（如环氧树脂、双 H 胶）。此外，还被用于铁芯饼、柱的粘接和浇注。在铁芯饼浇注中，它除了填充了硅钢片之间的间隙之外，还将硅钢片的铁损产生的热量通过热传导作用传递到铁芯外表面。

5）通常使用夹件和穿心螺杆以及旁螺杆是达到铁轭夹紧的方式之一。铁轭夹件的制造采用槽钢。铁轭、气隙、铁芯饼一般使用环氧树脂粘接，然后采用拉螺杆结构将上下铁轭夹件拉紧同时高温固化，来使带气隙的铁芯形成一个牢固的整体。

6）铁芯的接地结构。铁芯并联电抗器的接地必须要做到一点接地，否则，感应环流现象会在铁芯中产生，最终导致铁芯发热，损耗增加甚于将铁芯烧毁的状况发生。我们应首先保证上、下铁轭和铁芯柱（饼）都相互绝缘，然后再通过裸铜线将各铁芯柱上铁饼上的接地片分别连接起来，并各自与下铁轭上的三个接地片连接，上轭引出一个接地片仅与一个铁芯柱连接实现接地。

（2）干式铁芯电抗器的线圈。

现在干式变压器和电抗器高压绕组的结构通常采用下面两大类：饼式与圆筒式。另外还有箔绕层式及导线螺旋式等。如图2.2所示。

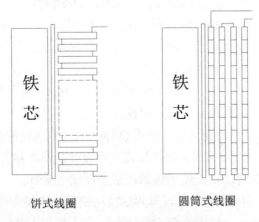

饼式线圈　　　　　　　圆筒式线圈

图2.2　饼式及圆筒式线圈

1）若干个用扁铜线绕制成的线饼组成饼式绕组，线饼间有垫块，以形成饼间绝缘及油（气）道，对绕组的散热很有效。但是由于饼间的导线需跨层或焊接，所以这种绕制方式通常用于35kV以上的绕组中。

2）圆筒式绕组的结构如图2.2所示，有单包封和多包封两类形式。单包封多用于小容量铁芯串联电抗器，多包封圆筒式绕组的绕制工艺较为简单，且不受容量限制，还可以根据各层导线规格匝数不同，使各层导线对轭间具有不同的绝缘距离。

3）电抗器的使用寿命由绕组的寿命决定，热点温度决定绕组寿命，F级绝缘的最热点温升极限是115K，即绕组最热点温度不能超过155℃，否则，势必要对绕组的绝缘造成损伤，对电抗器的使用寿命造成影响。此外，影响电抗器散热性能的重要参数是绕组的气道结构及绕组的轴向、辐向高度、尺寸。

4）多包封电抗器线圈包封间有轴向散热气道，具有较好的散热性能。

5）电抗器线圈和铁芯经高温固化后，能够具有良好的机械性能和电气绝缘性能。

6）电抗器铁芯和绕组都不浸在任何液体之中。

7）电抗器表面被抗老化的有机磁漆覆盖，耐候特性良好。

2.3.3.2　干式空心（半芯）电抗器的性能

干式空心电抗器采用环氧树脂成型固体绝缘结构，其线圈由多个并联的包封组成。磁路中无铁磁物质，完全从空气中闭合。主要有以下特点：

（1）干式电抗器均由多个并联的包封组成，每个包封用环氧树脂浸渍过的玻璃纤维等对线圈进行包封绝缘。

（2）采用截面很小的绝缘铝导线，单根或多根平行并绕形成电抗器线圈，因此谐波下导线中的涡流损耗被有效地降低。

（3）电抗器线圈是由优质铝导线并以绝缘性能优良的绝缘材料作为导线的匝绝缘。

（4）电抗器线圈包封间，采用聚酯玻璃纤维引拔棒，作为轴向散热气道支撑，形成自然对流冷却，具有优良的散热性能。

（5）电抗器在高温固化之后，具有良好的电气绝缘性能和机械性能。

（6）电抗器在温升计算时，由计算机优化设计从而严格控制了热点的最高温度，同时留有相当裕度，从而使电抗器能够长期安全运行。

（7）电抗器通过线圈的多层包封并联结构使线圈的轴向电应力为零，当在稳态工作电压下运行时，沿线圈高度方向的电压分布均匀，从而能够使电抗器运行更安全。

（8）半芯电抗器因为在线圈中放入了由高导磁材料做成的芯柱，所以使通过线圈中的磁通大大增加。因此其铁芯采用优质的导磁材料，具有良好的线性度。经特殊处理，适用于户内外运行。

（9）电抗器采用星形吊臂结构，星形臂采用铝合金或铝合金不锈钢复合排，机械强度高，涡流损耗小，可满足线圈分数匝的要求。

（10）电抗器安装方式比较灵活，通常较小容量的电抗器按三相叠放或两叠一平布置，大容量的电抗器一般按一字形或品字形水平布置。电抗器可由用户指定进出线角度和相间出线角度。

（11）电抗器的表面由耐紫外线辐射、抗老化的绝缘漆覆盖。对并联电抗器和 35kV 电压等级以上串联电抗器，电抗器表面还另外喷涂有 PRTV 胶（憎水性涂料），以防电抗器表面出现树枝状爬电，使电抗器具有良好的耐恶劣气候特性。

## 2.4    电抗器外绝缘研究

### 2.4.1    干式空心电抗器的绝缘结构

干式空心电抗器的绕组是由多个同轴同心的圆筒式绕组并联组成。绕组通常采用直径 2.0～4.4mm 的多根圆导线绕制而成，满足容量的需要并降低导线的附加损耗。若用户有特殊要求，也可采用铜导线。其绝缘耐热等级由绕组包封的绝缘材料及导线常用的绝缘材料决定。线圈采用轴向气道间隔，形成空气对流自然冷却来使绕组具有足够的散热面积，满足绝缘材料长期使用的要求。包封的目的是确保绕组完全与大气隔离，不受大气恶劣环境影响。由于环氧树脂绝缘胶会在大气环境下快速老化，失去原有的性能。为此，需在包封表面喷涂耐候表面漆加以保护，即电抗器外表经喷砂处理后喷涂抗老化、抗紫外线的绝缘漆。对于并联电抗器等端电压高的电抗器，还需在电抗器表面喷涂憎水性 RTV 防污闪涂料。

### 2.4.1.1　相间绝缘与绕组对地绝缘

单相干式空心电抗器的安装结构中，由于干式空心电抗器的漏磁较大，根据理论计算与实际测量，水平排列时当相间距离大于电抗器绕组外径的 1.7 倍时，相间电磁偶合的影响可忽略不计；根据以上研究结果，通常在 66kV 及以下场合应用。支撑绝缘子承担电抗器的对地绝缘。

### 2.4.1.2　匝间绝缘

各种电抗器匝间绝缘的破坏机理是不同的，可以归纳为如下几方面：

（1）制造过程。

在电抗器线圈制造过程中，如果股线绝缘质量不良或制造工艺不精密就会造成以下几种绕组间绝缘缺陷：第一，股线绝缘质量不良导致线的机械性能不良，就会受到如敲击、扭转、弯曲等机械力作用造成的裂缝；第二，线圈制造工艺不良也会导致线圈穿孔、开裂、混入导电杂质；第三，线圈浸渍不完全或主绝缘压制不良也会与其他线圈之间形成气隙甚至脱壳；第四，线圈在安装出厂时也有可能受到机械应力而造成绝缘性损伤、错位。

（2）过电压。

高压电抗器在正常运作过程中，匝间绝缘能足够经受住数千伏到数万伏的工频电压，其匝间是不会出现很明显的电老化现象。但在动作开关开合的时候，作用在绝缘线圈上的瞬时电压幅值会突然变高，而且达到幅值的这个波头非常陡峭，最高过电压的幅值甚至可达 6~7 倍额定相电压幅值，最陡的波头有可能在 0.2μs 左右。一旦我们没有采取有力的保护措施，那么在各匝间线圈形成的非均匀电压极有可能会超过匝间线圈的承载耐压的极限而被瞬间电压所击穿。就算是这个瞬间电压的幅值小于匝间线圈的耐压，也会产生电老化。

（3）运行老化。

高压电抗器匝间绝缘在正常运行中主要受到电和热两种老化因子的作用，电老化和热老化的不同之处是老化的程度和状况不一样。

电老化：对地绝缘工艺的精密制作是完成各类型电抗器必需的一步，它与匝间绝缘有密不可分的关系，绝对不能分开而语，包括它们的制作过程，一旦它们在制作过程中不慎，使得两者之间存在气泡间隙，那么两股线间会游离放电，腐蚀匝间的绝缘材料。这是我们在设备运作事故分析中得到的，在事故中，经常有被击穿的股线，是由于绝缘材料被腐蚀后残留的股线变成裸线，他们在不存在绝缘中导电运行，必然发生事故。我们制作浸渍电机和浸渍变压器的过程没有完全浸渍也会发生同样的故障。

热老化：高压电抗器在热环境中长时间运作，而且匝间绝缘与导体又是直接接触（其温度与导体相同），匝间绝缘的击穿强度会逐渐下降。

### 2.4.1.3　端部绝缘

由于浸润环氧绝缘胶的玻璃丝填充组成了干式空心电抗器的端部，为了满足阻燃的要求，玻璃丝纤维含量应超过 80%，其固化后相对介电常数约为 4.5。已有研究结果表明，较高的介电常数作为端部材料可以大幅度地降低端部导线表面的电场强度。对于串联连接于线路中的各类电抗器，其两个端部均近似于并联电抗器的上端部。所以，当靠近外径包封的电抗器时，端部放电事故更易发生。

### 2.4.1.4　包封绝缘

对并联电抗器而言，包封绝缘的重要性更为突出。如果电抗器表面受污，再碰上阴雨天气，在电抗器端电压作用下，泄露电流场沿受污表面形成。当电极的一端附近局部出现干燥造成局部干燥表面变成绝缘体，泄露电流便会在此处中断。而另一端电极通过表面未干燥区域将电压直接传递到泄露电流中断区域的边缘。在极端情况下，可能造成端电压直接施加于包封绝缘上。此时，若包封绝缘薄弱，则发生包封绝缘被击穿，造成包封内部线圈与外部大气环境通道。当表面树枝状放电痕迹发展到击穿点时，线圈内部与表面形成闭合短路匝，造成电抗器烧毁事故。对于串联连接于系统之中的电抗器，其两端电压不高，不易造成包封绝缘击穿现象。对于户外用空心并联电抗器，由于绕组的端电压较高，故应该引起足够的重视。并联电抗器包封绝缘的厚度应比同电压等级串联连接于系统中的各类电抗器取值更大。

## 2.4.2　干式空心电抗器的绝缘特性

干式空心电抗器以有机绝缘作外绝缘，其特有问题分为四个方面：

（1）设计制造方面。

这类问题以局部过热、出线位置不当为代表。如果设计制造一旦完成，那么缺陷就不易消除，即使通过试验也很难发现。

（2）制造工艺及材料方面。

这类问题的代表为以外绝缘表面皲裂、粉化、绝缘性能下降，焊口缺陷过热、绕组毛刺、绝缘气泡等缺陷造成匝间短路。通常由材料配方或工艺不当造成外绝缘性能下降，焊口缺陷过热以及绕组毛刺等缺陷即便发现，也难消除。

（3）漏磁。

漏磁通常由安装位置不当造成。

（4）漏电起痕。

漏电起痕是有机外绝缘设备所共有的问题，对绝缘的损伤是不可逆的。

# 2.5  干式电抗器结构分析

干式电抗器一般使用环氧树脂绝缘，具有耐热等级高、阻燃、防爆、免维护、抗冲击、寿命长、安装使用方便等特性。干式电抗器按照结构形式来分类，可以分为空心电抗器和铁芯电抗器。

## 2.5.1  铁芯电抗器

干式铁芯电抗器基本构造按铁芯结构的不同又可分为：铁芯中带有非磁性间隙（即有间隙）和铁芯无间隙。

### 2.5.1.1  带间隙的铁芯电抗器结构特点

铁芯中带有非磁性间隙的铁芯电抗器有并联电抗器、串联电抗器、消弧线圈、起动电抗器及滤波电抗器等。基本构造是绕组由树脂与玻璃纤维复合固化绝缘材料浇注成形、以空气为复合绝缘介质、以含有非磁性间隙的铁芯和铁轭为磁通回路。干式铁芯电抗器的主要组成部分是铁饼和气隙、铁轭和绕组，如图 2.3 所示。

带有非磁性间隙是由铁芯电抗器在电网上补偿容性电流的实际作用决定的，是这类铁芯电抗器在铁芯结构上区别于变压器的主要特点。如果铁芯为完全闭合的磁通回路，则其激磁电流很小，电感电抗值很大，且容量很小。铁芯磁导将呈非线性，当励磁电流超过一定数值时，铁芯就会饱和，其磁导率会急剧下降，电感、电抗也将急剧下降，从而影响电抗器正常工作。而带间隙的铁芯结构由于铁芯部分的相对磁导率远远高于树脂和空气的复合绝缘的磁导率，磁路的磁阻几乎都由间隙部分形成，即磁阻的大小主要取决于间隙的长度。因此，在一定的范围内，铁芯电抗器的电感值仅取决于间隙长度以及自身绕组的匝数，不再取决于外在电压或电流。

铁芯采用同干式变压器铁芯一样的、无间隙的这一类干式铁芯电抗器，包括接地变压器、平衡电抗器等。其主要组成部分如铁芯、绕组、紧固件均与干式变压器相同；与变压器的区别仅在于绕组的连接方式上。如采用 ZN 曲折形连接方式的接地变压器，当其提供变电站站用电源时，可带有低压绕组，其连接组别常为 ZNyn1 和 ZNyn11 等；当其不带站用电源时，干式接地变压器仅有 ZN 连接的高压绕组。平衡电抗器结构为单相式，连接在两个整流电路之间。其作用是使两组电压相位不同的换相组整流电路能够并联工作，因此其铁芯、铁轭结构与单相变压器相同。由于其所接负载的电流值通常很大，因而一般采用铜箔绕制，每柱绕两绕组，一柱的内绕组与另一柱的外绕组串联，剩余两绕组串联。要求工作时，铁芯中直流磁势几乎没有，只有两组不同的换相组电压差产生的交流磁势。

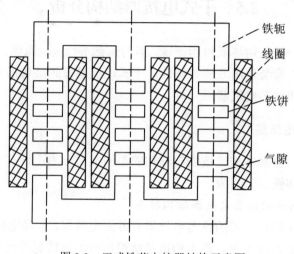

图 2.3　干式铁芯电抗器结构示意图

#### 2.5.1.2　铁芯电抗器结构特点

铁芯电抗器磁路为闭合铁芯。由于铁芯磁导率高，同体积的电抗器电抗值很大。相同容量下，其体积最小，但铁芯的磁导率是随绕组电流大小变化。当电流较大时，铁芯饱和，电抗值大大减少。这种电抗器在电网中已经很少使用。

干式铁芯并联电抗器、干式铁芯串联电抗器、消弧线圈及起动电抗器等干式铁芯电抗器，其铁芯由铁饼及间隙组成。间隙采用非磁性、高硬度的平面固体绝缘材料，其外径参考铁芯大小而定。铁饼与间隙交替间隔叠装，玻璃布带绑扎固定，环氧树脂粘接或环氧树脂高温模装固化，形成一个铁饼柱整体，保证了铁芯饼柱的整体刚性，提高了电抗器的抗振性能，有效降低了电抗器的声级。因为铁芯电抗器的电抗值在一定范围内取决于铁芯柱的间隙长度，因此对间隙的控制决定着铁芯电抗器的质量，合理的间隙分布可减少垂直进入绕组的磁力线，从而减少电抗器的附加损耗。

### 2.5.2 空心电抗器

空心电抗器顾名思义就是没有铁芯，以空气作导磁介质，没有限制性磁回路，所以其最大的结构特点就是空心。这种电抗器只有绕组，无铁芯，实际上就是一个空心的电感线圈。磁路磁导小、电感值也小，且不存在磁饱和问题。电感值是个常数，电抗值也基本恒定。属于这种结构还有限流的电抗器（包括分裂电抗器）、线路载波器等。

空心电抗器绕组采用多包封、多层、小截面圆铝线的并联多支路结构，端部用高强度铝合金星形架夹持、环氧玻璃纤维带拉紧结构，使电抗器绕组成为刚性整体。通过支柱绝缘子和非磁性金属底座支撑绕组完成安装。

其结构特点如下：

（1）绕组使用性能优良的电磁铝线；不同绕制半径的各支路之间并联连接（层间并联），匝数接近，层间电压极低、相应部位几乎等电位，电场分布非常理想，绕组较高的运行可靠性得到了保证。

（2）采用外加环氧树脂玻璃纤维来增强绕组包封。因此，电抗器具有极高的机械强度。

（3）绕组采用多并联支路设计，每个支路又由多根相同的导线并联绕制；数个支路并联叠绕组成一个包封，数个包封并联组成一个绕组，包封与包封之间安排有散热风道。为了均衡分配电流及合理散热，采取了"等电阻电压法"设计，建立电压方程式计算每层每匝的自感及匝与匝之间的互感，再计算层与层之间的互感，从而总体计算出绕组的电感、绕组的温度分布；再通过调整每个包封参数，重复上述计算过程，不断的迭代，最终设计出一个科学合理的方案。利用现代计算机技术，把上述计算过程设计成计算软件，大大提高了设计的准确性及效率。

### 2.5.3 树脂绝缘干式空心电抗器与干式铁芯电抗器的性能比较

#### 2.5.3.1 损耗

目前，随着国民经济的快速发展，整个社会对能源的需求也在高速增长，能源短缺问题越来越为各界所关注，节能已成为各行各业的共识。在电力系统中，无功补偿装置作为重要的节能设备，虽然已被广泛应用，但其自身的节能、磁干扰等环保问题却没有引起足够的重视。

按照标准《DL462－1992 高压并联电容器用串联电抗器订货技术条件》，常规铁芯串联电抗器的损耗与同容量空心串联电抗器的损耗比值是 1:2，而按照标准《JB/T5346－1998 串联电抗器》，此值约为 1:3。参见表 2.2。

表 2.2　两种标准规定的一些常用容量串联电抗器的允许损耗值

| 三相串联电抗器容量（kvar） | JB/T5346－1998 规定允许损耗值 75ºC（W，+15%） | | DL462－1992 规定允许损耗值 75ºC（W，+15%） | |
|---|---|---|---|---|
| | 三相铁芯 | 三相空心 | 三相铁芯 | 三相空心 |
| 216 | 2479 | 7044 | 2592 | 5184 |
| 300 | 3172 | 9012 | 3600 | 7200 |
| 480 | 4512 | 12821 | 4800 | 9600 |
| 600 | 4849 | 15157 | 4800 | 9600 |
| 960 | 6899 | 21563 | 5760 | 11520 |

虽然两种标准对损耗允许值的要求有较大差异（JB/T5346－1998 更符合实际），但从表 2.2 中可直观地看到铁芯电抗器在节能方面较空心电抗器有较大优势。这是由于铁芯电抗器的导磁、导电高效率以及磁路少漏磁等特性，使其电阻损耗、涡流损耗、杂散损耗及附加的外部环境涡流损耗均远小于空心电抗器。

### 2.5.3.2　电磁干扰

铁芯电抗器由于铁芯的存在使绝大多数磁力线在铁芯内部形成闭合回路，除在绕组高度内的调感气隙处有少量漏磁外，其他部位的空间漏磁一般不会对周围产生电磁干扰。空心电抗器磁力线经周围空气形成闭合回路，磁场发散严重，对周围有较强的电磁干扰，须远离居民区、高层建筑，特别是电子产品使用较多的控制中心。

容量、体积大小不同的空心电抗器绕组附近的磁感应强度和磁场能量有较大区别，但其磁感应强度分布曲线若以绕组外径的倍数为横坐标，其形状却大致相同。

在距空心电抗器中轴线 1.1 倍外径处，场强仍有 0.6mT；1.7 倍外径处，场强约为 0.2mT。如要将场强降至 0.1mT，距离须为距电抗器绕组中心约 2 倍外径处。而铁芯电抗器绕组外径较小且磁场衰减快，只要满足电气绝缘和散热所需的距离即可，一般不必考虑漏磁对安装环境的影响。以 10kV、300kvar 的铁芯、空心串联电抗器安装占地面积为例作比较，空心电抗器（CKSCKL-300/10-6）三相水平安装时的占地面积（16.1m²）为铁芯电抗器（CKSC-300/10-6）占地面积（2m²）的 7.6 倍，空心电抗器三相叠装时占地面积（7m²）也为铁芯电抗器的 3.3 倍。可见，铁芯电抗器比空心电抗器节约用地。

### 2.5.3.3　噪声

铁芯电抗器由于硅钢片磁致伸缩引起的铁芯振动，铁饼之间、铁饼与上下铁轭之间电磁吸力周期变化产生的振动较大，再加上结构复杂，使铁芯电抗器的噪声控制比空心电抗器的噪声控制难度大。

#### 2.5.3.4 电抗值

由于铁芯电抗器的主磁路是由导磁率较高的硅钢片材料构成，当磁密较高时铁芯会饱和并导致电抗值变小；如在国标中特别要求铁芯串联电抗器在 1.8 倍工频额定电流下电抗值与额定电抗值偏差不超过-5%（顺特电气企业标准规定此偏差不超过-2%）。尽管铁芯电抗器有饱和现象，但电抗率达到 4.5%～13% 的串联电抗器仍有较好的减小合闸涌流的作用。而空心电抗器的磁路由空气构成，不存在饱和现象，电抗值保持不变。因此如果是专用于限制短路电流的限流电抗器，对电抗器的电抗线性度要求较高，就应该尽可能选用空心电抗器。

#### 2.5.3.5 可靠性

铁芯电抗器运行故障率低，主要由于其绕组、铁芯均为真空浇注，质量容易保证。其故障多为运行中振动所引起的固件松动、噪声偏大，一般再次拧紧即可，绕组烧毁事故极少。

空心电抗器运行故障率较铁芯电抗器高得多，特别是户外运行的电抗器。其故障多为绕组匝间短路。铁芯电抗器如果出现故障可以分解检修，只需更换损坏的部件，维修成本低。而空心电抗器的故障多出现在绕组包封内部，通常无法修复，只能整体报废。根据行业内近 10 年的数据统计，铁芯电抗器的故障率只有空心电抗器的 12.7%，具有较高的可靠性。

### 2.5.4 一种新型干式半芯电抗器

由西安中扬电气股份有限公司提出的在干式空心电抗器的线圈中放入导磁体芯柱制造电抗器的新思路，节能效果显著，与同容量干式空心并联电抗器相比较，半芯并联电抗器运行时电能损耗降低了 25%～35%，直径缩小了 25%～35%，节约占地面积 20% 左右，顺应了国家电气产品无油化、小型化、节能环保的发展趋势，具有噪音低、电抗线性度好、抗短路冲击能力强等优点，是在新型干式空心电抗器的基础上研制的又一代创新电抗器。半芯电抗器除采用了与新型干式空心相同的线圈结构和并联绕制技术之外，其创新点在于：

（1）在线圈中放入了由高导磁材料做成的芯柱能够使磁路中磁导率大大提高。所以，与空心电抗器相比较，在容量相同的情况下，线圈的直径得到大幅度缩小，大大减少导线用量，随之大幅度降低损耗。

（2）铁芯结构为圆柱形，形状十分简单。半芯电抗器的铁芯柱经整体真空环氧浇注成型后密实而整体性很好，运行时振动极小，噪音很低。

## 2.6　平波电抗器故障特性分析

平波电抗器以其独特的结构和优异的电气性能在电力系统中得到认可，并且开始逐步取代油浸式平波电抗器，在电力系统及实际工程应用中得到广泛的推广。然而其在运行中也不可避免地会遇到种种问题，甚至发生严重的故障。平波电抗器运行中会出现匝间短路、漏电起痕、局部温升过高以及漏磁造成的周围金属构件温升过高等故障。图 2.4 为一干式空心电抗器因故障而造成的烧毁。

图 2.4　电抗器因故障烧毁

### 2.6.1　匝间短路

匝间短路主要是由制造工艺及材料方面的原因造成的，包括：外绝缘表面龟裂、粉化、绝缘性能下降；匝间绝缘损坏由焊口缺陷过热、绕组毛刺、绝缘气泡等缺陷造成。这些原因最终引起匝间短路而形成闭合回路，在电磁感应作用下产生很大的环流，使铝线温度迅速升高并熔化（形成较大的熔洞或局部导线熔化）；若故障点在包封中，就会产生火焰，引起短路。

#### 2.6.1.1　绝缘材料表面性能劣化

绝缘材料表面性能劣化的表现有绝缘表面龟裂、粉化、表面性能下降及高温下流淌等。造成这种缺陷的原因有材料选择不当和配方及固化工艺不当等。

干式空心电抗器外绝缘基本上都是工艺性好的环氧树脂在室温或中温条件下固化成型的。缺点是固化速度好坏同固化剂、促进剂、周围环境关系较大，同一配方、工艺可因固化剂、促进剂活性的差异，环境温度、湿度的差异而得出性能差异很大的树脂料。一旦固化不好，树脂料中将存在大量的低分子基和交联不完全的分子键链，它们在水、光及其他物质的作用下，很容易发生水解及重新反应、组合等过程进而导致电抗器绝缘表面出现龟裂、粉化、表面性能下降。

处理措施：龟裂、粉化、表面性能下降这些劣化现象都是浅表性的，一旦发现应尽早处理，避免发展加重形成不可逆的劣化。可用砂纸打磨清除龟裂、粉化等劣化的表面材料，再进行认真清洗，清洗用无水溶剂（如无水乙醇）为佳，然后涂刷耐气候性能优良并与基材相容性好的漆或涂料即可。

### 2.6.1.2 匝间绝缘损坏

引起干式空心电抗器匝间绝缘损坏的主要原因有以下几方面。

（1）材料质量及工艺方面。

1）电抗器设计时，为了尽可能使导线与绝缘材料膨胀系数相近以避免产生绝缘开裂，通常选用铝线而不选用铜线，因为铜线膨胀系数与绝缘材料相差较大，易开裂。空心电抗器采用铝线进行绕制，铝线可能存在起皮、夹渣、毛刺等缺陷，或在绕制过程中引起铝线损伤；这些有可能引起运行中导线断线、放电损伤匝间绝缘。

2）目前空心电抗器绕制基本采用湿法绕制，即电磁线及玻璃纤维等绝缘填充材料经过未凝胶固化的环氧树脂浸润后一起绕制，绕制完成后置入高温烘炉进行固化。这种方法对环境的温度、湿度要求较高，绕制中控制不严容易吸潮及带入杂质。

3）室温固化的电抗器有局部过热或焊口不良等缺陷。

（2）运行方面。

1）如果电抗器线圈长时间处于高温状态下运行，则其匝间绝缘材料将会出现热老化现象，绝缘材料的韧性和弹性也会下降，甚至严重的话会造成绝缘材料变脆，机械强度完全丧失，导线的这种长时间大幅度振动会使已经变脆的匝间绝缘材料产生裂缝甚至粉化。

当匝间的绝缘材料产生裂缝或粉化时，则：一方面，匝间绝缘材料无法对导线进行位置约束，易致使导线产生直接匝间短路；另一方面，由于外部原因使线圈中进入水分，在线匝间形成导电通道而导致匝间短路。

2）在高电场作用下，线匝与线匝之间、线匝与绝缘层之间存在的气隙或缺陷将使线圈出现局部放电，引起匝间的绝缘老化，最终因绝缘老化等问题而导致过电压冲击击穿和过电流冲击击穿。

3）电抗器表面的环氧树脂外绝缘材料具有亲水性，当污秽在雨天或潮湿的天气下，电抗器表面易形成水膜，导致表面泄漏电流增大。考虑到线圈的对地电容和匝间纵向电容的不同,电抗器的电压分布并不均匀且两端电场强度很高。污秽、受潮的电抗器两端发生小电弧,这不仅将破坏电抗器局部表面特性,小电弧也将逐步发展成比较成熟的放电通道。在潮湿、烘干又变湿的反复过程中出现的持续发展,必将因绝缘损伤造成匝间击穿短路。

处理措施:

1)从制造厂角度考虑,电抗器制造过程中应加强工艺控制,避免导线夹渣、毛刺、焊接质量不良等发生。

2)当环氧树脂因过热而产生流淌问题时,必修加强监督,尤其是当过热点周围出现小圆形颗粒状物时,并应及时通知厂家对问题进行处理。

### 2.6.2　漏电起痕

漏电起痕,一种不可逆绝缘损伤,它是有机外绝缘设备所共有的问题。其发展周期比较长,但处置不及时或处理不当时,电抗器也容易被烧毁。

电抗器的放电痕迹主要有电抗器表面放电痕迹和绝缘撑条放电痕迹。其产生及危害都有一定的差异。

#### 2.6.2.1　电抗器表面放电痕迹

对于电抗器的外绝缘材料环氧树脂,若其耐漏电起痕水平低,则绝缘表面易出现碳化状浅表痕迹,这种痕迹容易使电场前突畸变,痕迹前端在强电场作用下更易形成干区和火花放电,形成恶性循环。如图2.5和图2.6所示。

当电抗器表面出现放电痕迹时,所造成的危害不仅仅是对绝缘材料的损伤,更因为放电痕迹的绝缘性远低于正常绝缘性约2～4个数量级。也正是因为放电痕迹下的绝缘电阻远低于正常绝缘电阻,电抗器表面电场分布更见不均匀,表面更易产生闪络,绕组间更易发生匝间绝缘击穿。

图 2.5　电抗器下部放电痕迹

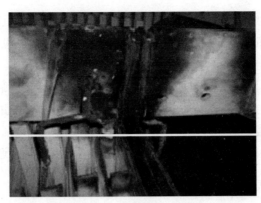

图 2.6　上部出线放电痕迹

由于电抗器表面的放电痕迹是因泄漏电流过大引起的，解决此问题的关键是提高材料耐漏电起痕性和减小表面泄漏电流密度。而绝缘材料的耐漏电起痕性取决于材质的耐温性及表面憎水性两方面的性能。由于电弧温度较高，单纯指望有机绝缘材料足以承受电弧长时间的烘烤而不炭化，并不现实。

处理措施：

（1）增加高阻带个数，可以减小泄漏电流，避免电流集中，进而防止电弧形成。

（2）安装金属屏蔽环，使其与电极同电位，此外，屏蔽环与电抗器表面紧密接触，一方面减少电极附近泄漏电流集中，密度增大，另一方面避免气隙气泡造成放电。

（3）目前提高电抗器耐漏电起痕性的主要途径是涂覆一层憎水性涂层——室温硫化硅橡胶（RTV），防止降雨时形成的导电性连续水膜。

对于已经出现树枝状放电的电抗器，必须仔细修补，再涂 RTV，对于树枝状放电点的起始部位需作彻底修补，否则效果不明显。

（4）由于电抗器外表面的抗漏电起痕性能下降主要是由于太阳光紫外线照射引起的，可以采取适当的方法防止日晒（如搭大棚）。

### 2.6.2.2　电抗器撑条放电痕迹

在正常情况下，电抗器撑条的轴向电场为均匀场，且径向电场很小，但是，当电抗器处于非正常情况下时，它不仅会发生放电，产生放电痕迹，且痕迹隐蔽不易发现，危害性较表面放电痕迹危害更大。

撑条放电痕迹原因有三：撑条受潮、撑条自身缺陷和撑条松动。

当撑条受潮时，其表面发生放电痕迹的过程同电抗器，考虑到撑条面积远小于电抗器，故其放电痕迹的形成及发展困难得多。

若撑条本身有缺陷（如断面处理不好），受潮时该处易形成热点或电场集中，一旦放电将在局部堆积电荷而畸变电场，使放电发展最终形成放电痕迹。

处理措施：

（1）因为电抗器撑条多为热成型，所以容易加强撑条的耐泄电痕迹水平。

（2）采用引拔式撑条，并对断面进行浸渍处理。而对非引拔式撑条，一定要进行严格的真空渍胶处理。

（3）使用性能良好并有弹性的密封胶于撑条两接触面，避免撑条松动。

### 2.6.3　电抗器局部热点温度过高

电抗器局部热点温度偏高，绝缘材料耐热等级偏低也是造成平波电抗器故障的主要原因。

电抗器在运行中热点温度过高，绝缘材料耐热等级偏低时，在长期热效应积累下，会加速聚酯薄膜的老化，造成局部过热鼓包，绝缘损坏。同时，当绝缘发生老化时，外包封开裂时的污物会容易侵入到其中，继而造成匝间短路，引发事故。

造成电抗器局部过热的原因主要有：

（1）电抗器温升设计裕度设计得不合理，取得很小或接近于国际规定的温升限值。

（2）焊接质量的问题使得接线端子与绕组焊接处的焊接电阻增大，进而产生的附加损耗使接线端子处温度过高。

（3）在铝锭熔化浇铸成形为铝材料过程中，熔渣、飘起的氧化铝极易被浇铸到铝盘中去，降低了铝材料的纯度，参杂杂物的铝制材料增大电抗器的电阻。

铝导线内部的杂质，也会引起导线的导电有效截面面积减小，从而造成导线局部的电流密度过大，长期运行也容易引发局部发热问题。

（4）干式空心电抗器是由多个包封组成，由于存在对干式空心电抗器设计和制造工艺上的问题，往往会使包封电流密度不均匀，从而使局部温度较高。

（5）运行中会存在电抗器在高于额定运行电压下运行的情况（此电压低于系统最高运行电压），此时若设计时导线的电流密度选的过大，将会使电抗器各包封温升升高，引起整体发热；若存在异常热点，将可能导致匝间绝缘损坏直至电抗器损坏。

（6）断线也会导致电抗器的温升异常：因电抗器为多根导线并绕结构，断线后电抗器各包封导线中的电流将重新分配。某根导线断线后，剩余导线中某根导线电流值将上升，继而导致发热量增加。因此，断线后个别包封将出现温升异常。包封温升异常后，将使匝间绝缘迅速劣化，引发电抗损坏。

　　断线的部位主要有包封外部引出线断线与包封内部断线。包封外部断线的原因主要有运输、安装过程中导线被碰损或导线焊接质量不良引起。包封内部断线的原因可能为导线夹渣、起皮，在运行中局部过热而熔断；或导线匝间绝缘不良，在运行中匝间放电而使导线受损直至断线。

　　（7）在运行时，当电抗器的气道被异物堵塞，无法进行正常散热时，也会引起电抗器局部温度过高引起着火。

　　处理措施：

　　（1）设计、制造部门应提高自身的工艺水平，合理设计电抗器温升水平，有效控制导体内电流的不均匀性，从根本上杜绝电抗器损坏发生。同时，制造厂应合理选择设计裕度，避免在系统电压较高下包封出现异常温升而损伤绝缘情况发生。

　　（2）确保电抗器的绝缘材料具有足够耐热等级，避免电抗器绝缘过早出现热老化现象。

　　（3）加强对电抗器的运行维护工作，积极开展红外测温工作以监视其发热情况及发热部位，由于电抗器的散热方式为自然风冷，在正常运行条件下，内层上半部分的温度最高，因此需要特别监视电抗器的内层包封的上半部分的发热情况。

　　（4）定期开展直流电阻测试，判断依据主要根据所测电阻值与出厂值的偏差推算并联导线中是否存在断线及断线的根数。结合制造厂的计算，通常导线断线一根直流电阻偏差接近 1%；并结合纵向、横向比较进行判断，以提高判断的准确性。

　　（5）在维护中需要加强电抗器外部引线断线的检查，发现断线时应及时补焊。

　　（6）通过搭建大棚以改进电抗器通风环境，降低运行环境温度。

　　电抗器周围金属遮拦发热的问题，不仅会造成能量损失，同时对通讯设施产生干扰，若有人员接触发热围栏时还将会被灼伤，对人员和设备的安全造成隐患。

　　DL/T 664－2008《带电设备红外诊断应用规范》第 9.3 条规定：由磁场和漏磁引起的热缺陷可依据电流致热的判据进行处理。电流致热型设备过热缺陷判断依据：金属部件与金属部件的连接，热点温度大于 90℃构成重要缺陷。

　　处理措施：

　　（1）防止铁磁性金属部件出现在防磁范围内，更不能让其构成环形整体，电抗器下面的支撑件和支柱绝缘子金属部件均需采用无磁性金属材料，连接螺栓也要采用非磁性材料的绝缘套管螺栓。

　　（2）电抗器与围栏之间的距离要严格按照相关规范，预防电抗器产生的强磁场对围栏的影响，避免围栏因强磁场而发热（如图 2.7 所示）。

　　（3）围栏高度应尽量接近电抗器中部，以降低电抗器产生的磁场垂直穿过围栏的概率，减少感应电流的产生。

（4）围栏固定连接时，固定连接片应采用绝缘材料，以便对因闭合产生的环流进行分割，使环流电流减小，防止围栏发热。

（5）对封闭围栏构架，将环氧树脂绝缘板加垫到与其金属连接处。

（6）对已构成闭合导体的围栏，采用分割法将闭合导体分割为多个小闭合面，由于磁感应电流同相位，在闭环内部导体的电流能相互抵消，因此环流较小。

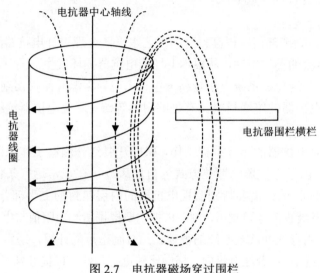

图 2.7　电抗器磁场穿过围栏

# 2.7　干式电抗器国内发展现状

## 2.7.1　国内生产厂家概况

早在 20 世纪 50 年代末，干式电抗器已经开始作为限流电抗器被使用于电力系统中。那时的干式电抗器主要由电缆绕组组成的，水泥铸件作为电抗器的支撑。水泥电抗器的机械强度较强，但散热性能较差。到了 60 年代初期，技术革新和新材料的使用改变了干式电抗器的结构。进入 70 年代，加拿大的 TE 公司首次成功的开发研制了现在被大量应用的新型干式空心电抗器。由于新型干式空心电抗器集传统的铁芯式电抗器和水泥电抗器的优点于一身，使其越来越多地应用在电力系统中。

20 世纪 70 年代末期，国外电力设备制造公司开始向中国电力系统销售干式空心电力电抗器。1985 年原水利电力部北京电力设备集团公司与加拿大 TE 公司签订了专门的线路滤波器（一种小型的空心电力电抗器）以及制造设备技术转让协议。至此，国内开始了干式空心电力电抗器的生产。经过对空心电力电抗器的研究，至 20 世纪 90 年代中期，国内已经相继能够生产一些不同类型的小容量空心电力电抗器。到目前为止，国内具有大规模生产空心电力电抗器能力的厂家有：北京电力设备总厂、广东顺德特种变压器厂、西安中扬电气股份有限公司、西安西电变压器有限责任公司等，下面就对国内几个主要空心电抗器生产厂家进行简述。

### 2.7.1.1　北京电力设备总厂

北京电力设备总厂特种电器厂可生产平波、并联、串联、滤波、限流等 12 种类型不同规格电压等级干式空心电抗器产品。具有代表性的产品为±800kV 特高压直流干式空心平波电抗器、1000kV 交流干式空心串补阻尼电抗器和 110kV 交流干式空心并联电抗器。以上电抗器均通过了中国电力科学研究院的电抗器认证，电抗器投运后性能稳定，各项指标均优于国家标准。

北京电力设备总厂特种电器厂所生产的电抗器是采用多层并联绕组、干式空心结构。如将小截面圆铝导线并联绕制成单个绕组，用环氧玻璃纤维包封电抗器后再经高温固化，最后再将每层绕组的导线引出端焊在上下铝合金星形支架上，采用自然空气对流冷却方式，电抗器外表涂抗老化、抗紫外线的绝缘漆。上述结构决定了这种电抗器损耗小、强度高、噪声低、安装方便、维护简单等显著优点。

自干式空气电抗器问世以来，由于其无铁芯、无油，结构简单、安装方便、线性度好、免维护、抗短路能力强、自然通风冷却等一系列诸多优点，深受广大用户欢迎，逐渐为用户所接受并得以广泛推广。就干式空心电抗器而言，加拿大 TE 公司是世界上最大的制造生产厂，也是前些年向中国市场提供电抗器最多的厂家。因为是国内首家引进了加拿大 TE 公司包封型阻波器全套技术，并在引进技术的基础上研制开发各种干式空心电抗器的厂家，北京电力设备总厂经过几十年的不断努力发展，已成功研发出一批干式空心并联电抗器，并于 1993 年 5 月通过部级电抗器鉴定，到 2006 年 750kV 线路用 40MVA、66kV，2008 年 1000kV 特高压交流示范工程 80MVA、110kV 并联电抗器，2008 年世界首台用于特高压直流工程的±800kV、4000A、75mH 干式空心平波电抗器，北京电力设备总厂干式空心电抗器通过引进技术，并不断突破创新，从无到有，从小容量到大容量，逐步发展成为行业的先锋和主导。

北京电力设备总厂的干式电抗器不仅满足中国国家标准，还满足 IEC 标准、美国 ANSI 标准及其他国家标准设计制造。干式电抗器品种齐全，包括空心并联电抗器、串联电抗器、限流电抗器、分裂电抗器、滤波电抗器、平波电抗器、阻尼电抗器、防雷线圈、试验电抗器、启动电抗器等，广泛应用于电力、钢铁、有色冶金、化工、电气化铁路、造纸等行业。

### 2.7.1.2 西安中扬电气股份有限公司

西安中扬电气股份有限公司是 1989 年在国家级西安高新技术产业开发区注册成立的高科技民营股份制企业，是国内第一个自主开发生产干式空心电抗器的企业。多年来，中扬电气始终坚持以发展促进创新，用创新带动发展的理念，如今已发展成集设计研发、生产制造干式电抗器的专业生产厂家，成为我国干式电抗器的重要供应商、中国电机工程学会无功补偿装置专委会重要会员单位。

1989 年，中扬电气首次成功研发制造出国内第一台干式空心电抗器，此后，中扬电气一路高歌勇进，逐渐成为我国干式电抗器行业的发展方向标。经过对干式空心电抗器不断地探索与努力，中扬电气于 1997 年在国际上首次推出了第二代创新专利产品——节能型干式半心电抗器，这一创新使干式电抗器的整体结构有了重大突破与进步，并在世界范围拥有了领先的技术优势。节能型干式半芯电抗器的出现不仅提高了我国电力设备的技术先进性，更加快了干式电抗器行业发展进程。节能型干式半心电抗器较相同电压容量电抗器具有以下明显的优势：运行能耗减小 35% 左右，同时占地面积也降低 35% 左右，这一优势不仅节省了设备的运行费用，更节约了有限而宝贵的土地资源，被纳入国家电力标准《干式电抗器技术标准》《干式并联电抗器技术规范书》《330～500kV 变电站无功补偿设备设计技术规定》中，作为各电网公司、电力设计院设备选型的重要参考依据。

近几年来，中国电网正在开发、建设具有世界领先水平的 1000kV 交流和 ±800kV 直流特高压输电电网，而中扬公司是国内为数极少的、拥有交直流特高压电网中高端电抗器供货资格的供货商。该公司已经相继承担了国家 1000kV 交流特高压试验基地示范建设工程、±800kV 云南—广东直流输电工程、±800kV 向家坝—上海直流输电工程、500kV 东北—北联网高岭换流站工程、500kV 中俄联网背靠背黑河换流站工程、330kV/500kV 西北—华中联网背靠背灵宝扩建换流站工程、±500kV 西北—中直流联网德阳宝鸡换流站工程、西北 750kV 电网多个变电站建设工程等国家当前重点输变电工程中的高端电抗器的设计、生产制造，技术能力领先于市场。

### 2.7.1.3 顺特电气设备有限公司

顺特电气设备有限公司是由顺特电气有限公司（原顺德特种变压器厂）与法国施耐德电气共同设立的中外合资公司。公司始创于 1988 年，其前身顺德特种变压器厂是国内最早进入干式变压器制造领域的企业。经过几十年的发展，该公司目前已成为国内外著名的输配电设备供应商和世界干式变压器行业的翘楚。

顺特电气设备有限公司专业制造预装式变电站、中低压开关柜、干式变压器、组合式变压器、干式电抗器等高品质的电气设备。其中干式变压器年生产能力达1000万kVA，预装式变电站年生产能力达1000台，组合式变压器年生产能力达3000台，干式电抗器年生产能力达300万kvar，中低压开关等成套设备年生产能力达10000台套。

1991年，顺特电气设备有限公司从原机械工业部和原电力部争取到树脂绝缘干式电抗器开发任务。到今天，顺特电气电抗器产品先后获得10多项专利，并发展成为铁芯、空心两大类别，包括并联电抗器、串联电抗器、消弧线圈、接地变压器、起动电抗器、限流电抗器、TCR并抗、滤波电抗器等在内的多系列多规格产品体系。顺特电气铁芯电抗器电压等级可至35kV，最大容量目前可达30000kvar；干式电抗器电压高至66kV，容量达单相32800kvar。

### 2.7.2 干式电抗器应用概述

#### 2.7.2.1 干式电抗器应用领域

干式电抗器种类繁多，包括空心并联电抗器、串联电抗器、限流电抗器、分裂电抗器、滤波电抗器、平波电抗器、阻尼电抗器、防雷线圈、试验电抗器、启动电抗器等，广泛应用于电力、钢铁、有色冶金、化工、电气化铁路、造纸等行业。

干式电抗器按导磁介质以及电抗器结构可分为干式空心电抗器、干式铁芯电抗器、干式半芯电抗器三种类型，在电力系统中，这三种干式电抗器因串并联的方式不同而功能各异，一般而言干式电抗器串联起限流作用，干式电抗器并联起补偿作用。下面举例说明几种常见的干式电抗器应用：

（1）干式串联电抗器：主要用于电容器回路，当投入电容器回路时能够起到抑制冲击电流和特定谐波滤波作用。

（2）干式并联电抗器：连接在超高压远距离输电变压器的三次线圈上，补偿线路电容性充电电流，限制系统电压升高，从而提高系统绝缘水平。

（3）限流电抗器：限值短路电流，将短路电流降低至电气设备允许的耐受值。

（4）中性点接地电抗器（也称消弧线圈）：作用主要是对输电系统对地故障容性电流的补偿。

（5）塞波电抗器：提高系统对谐波抗干扰能力。

（6）滤波电抗器：通常串联于电容器回路中，减少过多的谐波进入系统。

（7）分裂电抗器：主要是串联于系统中，限制故障电流。

（8）静止无功补偿并联电抗器：用于晶闸管相控快速无功补偿装置（SVS）中。

（9）平衡电抗器：与感应电炉、电容器共同组成三相电源的平衡负载。

（10）起动电抗器：用于大型交流电动机降压起动。

（11）平波电抗器：用于高压直流输电系统（HVDC）和大功率直流电气传动装置中，以降低直流回路中的脉动电流分量，保证直流电流的稳定。

### 2.7.2.2　干式电抗器工程应用

在引进吸收并消化国外制造商的干式电抗器生产技术的基础上，国内各大电抗器生产制造厂家不断推陈创新，干式电抗器种类日益增加，随着生产工艺的不断改进，设计水平的快速提升，制造材料的长足进步，电抗器质量、电抗器性能、电抗器寿命得到提高及改善，其质量不仅满足国内相关行业标准，还满足国外 IEC 等相关标准。国内制造商的干式电抗器在变电站及换流站中的电气设备国产化比重不断提高，如图 2.8 和图 2.9 所示。下面举例说明干式电抗器在变电站及换流站的工程应用情况。

三峡潜江兴隆 500kV 变电站　　　　　　河北保南 500kV 变电站
干式半心并联电抗器　　　　　　　　干式半心并联电抗器

图 2.8　干式电抗器工程应用情况

南京东善桥 500kV 变电站　　　　　　三峡龙泉—政平 500kV 变电站
干式空心并联电抗器　　　　　　　　干式空心并联电抗器

图 2.9　干式空心电抗器工程应用情况

### 2.7.3 国内干式电抗器研究概况

平波电抗器是高压直流输电工程中最重要设备之一，作为一种具有良好线性度、起始电压分布均匀、维护方便等优良性能的电气电抗器，平波电抗器在国内外得到了广泛的应用。随着我国大力发展直流输电，国内科研机构及相关学者对平波电抗器的研究也越来越深入。

武汉大学的陈超强、文习山等学者针对空心电抗器磁场对周围设施影响进行了系列的测试和理论计算。重庆大学的张艳、汪泉弟等人对重庆市某 500 kV 变电站的 35 kV 干式空心并联电抗器周围磁场进行三维涡流场有限元计算，并进行了现场测量，仿真数据与测量数据吻合较好；肖冬萍、何为、张占龙等人对有限宽金属平板对工频磁场的屏蔽原理进行了阐述，并推导了理想屏蔽以及非理想屏蔽材料泄漏磁场表达式；季娟、俞集辉等人在空心电抗器磁场数值计算和现场测量的基础上，针对空心电抗器改善磁场分布进行了一系列的防护优化仿真研究。西安交通大学的张成芬、赵彦珍、马西奎等人对仿生智能算法提出改进，并成功应用于干式空心电抗器的优化设计；刘志刚、耿英三等人在电抗器优化设计、电抗器温度计算、电抗器电感和磁场计算等方面做出诸多研究。沈阳工业大学张良县对平波电抗器谐波损耗机理进行了深入的研究，基于 Bartky 变换法，给出电抗器相关参数的解析计算方法；于健在空心电抗器电场及瞬态问题上进行了研究分析。华北电力大学张秀敏、苑津莎对棱边有限元法进行了理论研究并应用到工程涡流场计算中，为涡流场有限元计算打下了坚实的基础；杨雷娟、王泽忠对空心电抗器工频磁场干扰屏蔽措施进行了深入而细致的研究分析。杜炜、沈琪等人基于场路耦合模型，对电抗器过电压故障模拟及故障电压下电场畸变分析进行了研究。彭宗仁、罗兵等人对 ±800kV 斜撑式及直撑式平波电抗器电场分布及均压结构进行了仿真研究。徐林峰、林一峰、王永红等人对种干式空心电抗器匝间过电压试验设备进行了研制以及相关试验研究。廖敏夫、程显、翟云飞研发了干式空心电抗器脉冲振荡匝间绝缘故障检测系统，并进行相关模拟分析。

在干式电抗器生产制造厂家中，西安中扬电气股份有限公司于 2003 年 12 月经国家人事部和全国博士后管委会批准设立中扬电气博士后科研工作站，2012 年工作站提出若干个电抗器相关的博士后课题，涉及干式电抗器的研究方向及内容有：

（1）抗震技术方向：大型电抗器抗震与抗风的分析研究。

（2）发散热技术方向：大型干式空心电抗器发热、散热以及自然对流换热特性的研究。

（3）高电压与绝缘技术方向：短时过电压对干式电抗器的损伤及对策研究。

（4）电抗器新技术方向：未来电抗器新技术的发展方向。

（5）超导材料在电抗器上的应用：对超导材料在电抗器上的应用进行可行性分析，并给出样机详细设计方案，在条件许可的情况下进行样机生产，并通过试验验证。

（6）高绝缘性能材料在电抗器上的应用：研发能够用于干式电抗器的高绝缘性能材料，对其应用进行可行性分析，并通过型式试验的验证。

（7）非晶合金在电抗器上的应用：对非晶合金在电抗器上的应用进行可行性分析，并给出样机详细设计方案，在条件许可的情况下进行样机生产，并通过试验验证。

（8）纳米材料在电抗器上的应用：对纳米材料在电抗器上的应用进行可行性分析，并给出样机详细设计方案，在条件许可的情况下进行样机生产，并通过试验验证。

（9）高磁导率、低损耗铁氧体材料在电抗器中的应用：对高磁导率、低损耗铁氧体材料在电抗器的应用进行可行性分析，并给出样机详细设计方案，在条件许可的情况下进行样机生产，并通过试验验证。这几个课题全面综合地对干式电抗器的材料性能、机械性能、电气性能、结构优化等方面进行了深入研究，为干式电抗器的未来发展方向奠定了基础。

国内外学者、科研人员以及电抗器制造厂家对空心电抗器的相关理论研究、相关方面数值计算、试验测量以及试验测试设备开发等进行了广泛的研究分析，取得了诸多成果，这些科研成果为空心电抗器的系统研究奠定了坚实的基础，提供了有价值的参考，值得借鉴学习。

# 2.8 干式电抗器国际发展现状

## 2.8.1 国外生产厂家概况

### 2.8.1.1 加拿大 TRENCH

20 世纪 70 年代，加拿大 TRENCH 公司（简称 TE）公司最先研发出了新型干式空心电力电抗器，这种新型的干式空心电抗器不仅具有油浸式铁芯电力电抗器和老式的空心电力电抗器的优点，而且其独特的结构和优良的电气性能很快得到了电力系统用户的认可。下面简要介绍下加拿大 TRENCH 公司相关情况。

加拿大 TRENCH 公司在电力设备制造行业处于世界领先地位，在全球范围内，为各国民众和工业市场提供专业的高压电力设备产品。公司产品包括互感器、套管和线圈产品，提供的产品及解决方案涵盖了不同方面的工业应用和不同的电网电压等级需要，以满足客户的需求。

迄今为止，TRENCH 公司在空心电抗器、干式电抗器、其他种类电抗器方面积累了 50 多年的成功经验，在电抗器工业应用方面被视为世界级行业领跑者，可根据客户的实际情况及产品需求，制定特定的设计解决方案，并配有完善的产品设计和设备制造流程，客户涉及北美、南美、欧洲和中国市场。

TRENCH 公司致力于电力行业设备研制领域，在设备研制、生产和测试能力投入大量科研精力，公司产品具有高品质、可靠等优点，深得用户信赖。TRENCH 公司电抗器产品范围从小型配电类电抗器、限流电抗器等涵盖至特高压电抗器系列产品。TRENCH 公司电抗器产品符合 ISO9001 和 ISO14001 质量标准，TRENCH 公司对电抗器展开深入研究，不断发展和完善电抗器产品性能，将新技术应用于电抗器产品中，开拓电抗器的应用潜力。

TRENCH 公司的电抗器产品在工业中的应用展示。如图 2.10 和图 2.11 所示。

图 2.10　平衡电抗器应用于电弧炉

图 2.11　交流谐波滤波器配有声罩

### 2.8.1.2  ABB 集团

ABB 集团位列全球 500 强企业，集团总部位于瑞士苏黎世。ABB 是由瑞典于 1883 年成立的阿西亚公司（ASEA）和 1891 年成立的布朗勃法瑞公司（BBC Brown Boveri）在 1988 年合并而成。

ABB 是全球电力和自动化技术领域的领导厂商。ABB 集团在全球的 100 多个国家和地区中都存在着业务，员工人数超过 13 万，仅 2010 年的销售额就高达 380 亿美元。ABB 研发制造了包括全球第一套三相输电系统、世界上第一台自冷式变压器、高压直流输电技术和第一台工业机器人等众多产品和技术。

ABB 电抗器采用间隙式铁芯设计理念，这种紧凑的设计使产品损耗更低，重量更轻。间隙式铁芯设计理念于 19 世纪 60 年代被引入。随后通过不断的改进和创新，ABB 掌握了对振动及噪音等运行参数的设计控制。现今的电抗器对设计和生产工艺等也有了严格的要求。ABB 在我国销售的电抗器主要是油浸式，包括并联电抗器、中性点接地电抗器和直流滤波电抗器。其中，中性点接地电抗器可以提高变压器或电抗器在中性点的阻抗。ABB 研发生产的中性点接地电抗器可以限制单相故障时的错误流量，进而提高电缆的恢复程度。目前，ABB 已建立了可以在运行中与最高电压直接连接的并联电抗器。此外，电抗器并联还能补偿线路的电容，限制线路无控制电压升高，尤其是当线路出现轻负荷电压升高。并联电抗器的构造简单和功能强大等特点使得它成为补偿电容最经济有效的方式。

### 2.8.1.3  德国 Siemens

西门子股份公司（Siemens）的前身是 1847 年创建于柏林的西门子——哈尔斯克电报机制造公司。该公司于 1897 年改为股份制，1966 年正式取名为西门子公司。

总部位于柏林和慕尼黑的西门子公司是德国乃至欧洲最大的电器电子公司，也是世界上最大的电气工程和电子公司之一。同时，它也是一家大型跨国公司，其业务遍及全球 190 多个国家，在全世界拥有大约 600 家工厂、研发中心和销售办事处。公司的业务主要集中于三大业务单元：医疗、能源和工业服务。在这三大业务单元之下又分为信息和通讯、自动化和控制、电力、交通、医疗系统、水处理和照明等。

西门子在能源业务领域，致力于满足客户对经济、安全、可靠和实用的需求。西门子在输电领域的高压产品具有试运行时间短、维护周期长和极其可靠的防震、防水的特点，高压产品涵盖断路器、隔离开关、组合电器、避雷器、六氟化硫（SF6）气体绝缘电流互感器、电容式电压互感器、干式空心电抗器、

SF6 气体绝缘互感器（GIS 开关用）、油浸绝缘电流互感器、环氧树脂浸纸电容式套管、油浸纸电容式套管。其中，干式空心电抗器系列产品涉及限流电抗器、潮流负荷控制电抗器、并联电抗器、静态无功补偿用电抗器、平波电抗器、滤波电抗器、阻尼电抗器。

### 2.8.2　干式电抗器发展概述

#### 2.8.2.1　干式电抗器发展现状

干式电抗器作为输电工程的重要设备之一，在电网运行中起到限流、补偿等作用，干式电抗器的发展与干式电抗器的研制设计、绝缘材料、结构优化等密切相关。随着社会工业及民众生活的需求增大，电网规模不断扩大，电压等级不断提升，这对高压电器设备提出了更高的要求。现阶段干式电抗器发展情况，主要集中在以下几个方面。

（1）干式电抗器的结构设计：干式电抗器相关参数在满足电力行业工程需要的基础上，对干式电抗器进行结构优化，使得干式电抗器体积更小，结构更为合理，占地面积更小，节约变电站或换流站占地面积。

（2）干式电抗器的绝缘材料：高性能绝缘材料及复合绝缘材料在干式电抗器中的应用，使得干式电抗器耐候老化性能、电老化性能等得到提升，提高干式电抗器的绝缘性能，提高干式电抗器各种工况下的运行可靠性，从而使得干式电抗器使用寿命延长。

（3）干式电抗器的能耗降低：节能减排，降低能耗是电力行业的节能要求。干式电抗器是输电工程中的基础元件，是高压输变电系统中（也是冶金行业、石油化工行业等大型基础建设行业中）的重要无功补偿设备，对降低系统故障率、提高电网输送电质量具有重要意义。作为输变电终端设备，干式电抗器本身也会消耗电能，因此，降低干式电抗器自身损耗、降低用户运行成本，提高经济效益以适应社会发展需求，是干式电抗器亟待解决的问题之一。

（4）干式电抗器的监测技术：针对干式电抗器的结构特点，研制开发干式电抗器的二次在线监测设备，针对干式电抗器的高电压强磁场特点，运行光纤测温法研制光纤监测设备，在保证干式电抗器的运行稳定可靠情况下，对干式电抗器进行实时在线监测，通过干式电抗器的各组成部件温升限值，在后台专家库进行判断，及时监测干式电抗器的温升异常，采用强制对流等措施对干式电抗器进行降温处理，防止干式电抗器在较长时间内超过其温升限值，延长使用寿命。

### 2.8.2.2　干式电抗器发展趋势

干式电抗器的研制生产向更大容量、更大额定电流发展是干式电抗器的发展趋势之一，提高干式电抗器的耐老化性能和运行可靠性是发掘提升干式电抗器综合性能的目标之一。

随着材料科学长足进步以及材料应用的不断进步，纳米材料、超导材料、高绝缘性能材料、高磁导率低损耗铁氧合金材料等在干式电抗器中应用是未来干式电抗器的发展趋势之一，有助于干式电抗器的运行寿命提高和能耗降低，有利于提高干式电抗器的可靠性能。

随着计算机硬件性能的急剧提升和数值计算仿真的蓬勃发展，对干式电抗器进行单一物理场数值仿真，如电感数值计算、电磁场数值计算、结构力学计算，有助于科研设计人员对干式电抗器进行结构优化，研制更为合理的干式电抗器。对干式电抗器进行多物理场数值计算，如干式电抗器的发热与散热、干式电抗器的振动分析、干式电抗器的噪声计算等，对干式电抗器加装合理的声罩、加载合适的防雨罩提供数值依据和参考价值，对干式电抗器环保方面的参数评估提供参考依据。

### 2.8.3　国外干式电抗器研究概况

电抗器的电气参数主要有电抗器的电抗、等效直流电阻、额定容量和额定电流，其中，对电抗器设计、制造影响至关重要的是电抗器的电抗计算，也是电抗器的自感和互感计算。在干式电抗器设计的电感量计算方面，主要的问题是寻找高效准确的计算方法。关于电抗方面的研究成果较多，相对而言，资料也较为陈旧。在电感计算方面，比较权威的著作如《电感计算手册》，由前苏联卡兰塔罗夫和采伊特林所著。该书以近似公式和图表的方式，较为全面地给出了工程上常见的各种结构形状的载流线圈回路自身的自感以及载流线圈回路之间的互感的计算方法，但该著作不足是给出的近似公式有自身的限制条件，一般通过级数展开或者近似计算的方法得到，不能推广应用于工程上普遍情况。此外，该书中的近似公式和图表方式不适合于现阶段的计算机编程实现数值计算。

对于干式电抗器圆柱型结构形式的电感计算，埃及学者 Tharwat H. Fawzi 和加拿大学者 P.E. Burke 在 1978 年基于 Bartky 变换提出了一种新颖简便的计算方法，该方法从 Neumann 公式出发，利用积分原理推导了有限长薄壁螺线管的自感计算公式和同轴有限长螺线管之间的互感计算公式，并给出了详细的递推公式和精度估算公式，该计算方法不仅计算精度高、计算速度快，同时适合于在计算机上编程实现，但是，其不足是仅适用于计算同轴放置的螺线圈。

2000 年，学者 Slobodan Babic 和 Cevdet Akyel 就矩形截面环形线圈自感互感计算公式进行了改进，提出了结合半解析的数值计算方法，该方法对薄壁螺旋线圈和圆盘线圈的自感数值计算有一定的改善作用。2010 年，挪威学者 John T. Conway 采用 Bessel 函数和 Struve 函数对平行轴心线的矩形截面线圈之间互感计算公式进行了推导及展开，该计算方法可通过计算机编程实现，与其他计算方法的计算实例结果比较，该方法计算结果吻合度良好，具有较高的数值计算精度。

干式电抗器的磁场计算是电抗器设计计算的另一个重要方面，干式电抗器的磁场计算涉及电抗器在谐波加载条件下的涡流损耗计算，关系到干式电抗器线圈本身的机械动稳定性能的校核，同时，干式电抗器磁场方面研究对变电站、换流站的电磁环境评估提供了判断依据和评估准则。在国外，学者 Laxmikant K. Urankar 于 1980 年、1982 年、1984 年和 1990 年就四种不同形式的通流圆环形线圈的磁位解析公式和磁感应强度解析公式进行了详细的推导，这四种不同形式的环形线圈包括不考虑截面的细长线性近似环形线圈、矩形截面的环形线圈、加载三维电流密度的环形线圈、多边形截面的环形线圈，对工程上的各种不同形式的环形线圈磁位和磁感应强度计算提供了借鉴。美国俄亥俄州立大学的 Qin Yu 和 Stephen A. Sebo 对干式电抗器的磁场进行了深入研究，其中，Qin Yu 的博士论文就集中研究电抗器磁场问题，其研究成果以三篇论文的形式于 1996 年、1997 年和 1998 年公开发表，在他们的研究成果中，分别应用了磁偶极子和平面细环形电流模型。应用磁偶极子模型所得到的磁场计算方法简单，但只在远离电抗器区域计算准确性较高，在电抗器附近计算精度无法满足工程应用，而应用平面细环形电流模型所推导得到的磁场计算方法在计算精度和计算适用范围均不错，但该磁场计算公式不够简练。

2002 年，加拿大 Trench Limited 公司的 M. R. Sharp 和美国学者 R. G. Andrei 以及 J. C. Werner 就空心电抗器在电力系统的应用及运行情况，对空心电抗器限制高压端连接变压器组负载进行了相关研究，在空心电抗器结构方面和系统应用方面提供了具有工程实际价值的参考意见。

2005 年，日本学者 S. Nogawa 和 M. Kuwata 等人对三相铁芯电抗器的涡流损耗进行了相关研究。由于边缘磁通量导致的涡流损耗易引起局部过热，为了避免局部过热和保证设计的高效性，S.Nogawa 和 M.Kuwata 等人采用三维有限元法对铁芯电抗器的涡流损耗进行了仿真计算，数值计算结果与试验测量结果趋于一致，提出了缝隙设计的优化结构改善涡流损耗的新方法新思路。

2006 年，比利时学者 Jean-Louis Lilien 对户外变电站中的空心电抗器进行了噪声方面的研究，指出电抗器在谐波情况下的失谐电流以及失谐磁感应强度共同作用的时变电磁力是产生电抗器噪声的主要原因，在空心电抗器的电磁场、结构动力学等方面进行了深入研究，针对空心电抗器的磁场、电磁力、振动位移、电抗器声压提出了简明的计算公式，并将计算结果与试验结果进行了比较，两者吻合度较好。此外，还提出了限制电抗器噪声的措施和办法。

2007 年，喀麦隆学者 Mathias Enohnyaket 和瑞典学者 Jonas Ekman 基于局部单元等效电路法建模，对干式空心电抗器在较高频下的趋肤效应采用体积法进行计算，计算结果在时域与频域测量结果进行比较分析，取得不错效果。2009 年，两位学者还应用局部单元等效电路方法对空心电抗器进行了高频电磁场仿真模型研究，将仿真计算值与试验值进行对比分析，吻合度良好，验证了仿真模型的准确性，该方法有助于空心电抗器的研发设计以及运行中的故障诊断。

# 2.9   平波电抗器在高压直流系统中的应用研究

### 2.9.1   直流输电平波电抗器与交流电抗器的区别

直流电抗器与交流电抗器的主要区别之一是二者在多层并联绕组内的电流分配和损耗分布不同。直流电流是按各层并联绕组的电导分配电流，而交流电流包括谐波电流则是按各层电感和层间互感决定电流分布。若将一台温升分布均匀的交流电抗器用于直流系统，并让其仅流过直流电流，则该交流电抗器温升分布将会因为电流分布不均匀而出现异常，即出现里侧和外侧数层绕组温升偏低而中间绕组温升明显偏高的现象。

平波电抗器的磁场是由直流和谐波部分产生，主要成分为直流磁场。通过各并联支路的直流电流按各支路电阻分配，谐波电流按各支路的电阻和电感分配，由于各支路的电阻压降很小，谐波电流的分配主要决定于各支路电感。

考虑到直流输电系统中流过平波电抗器的电流带有很少量谐波，因此平波电抗器的设计不同于交流系统中的壳式空心并联电抗器，其主磁通密度的控制是有区别的。在直流磁场中，平波电抗器在上下汇流排和绕组等结构件中不产生杂散损耗，但是谐波磁场中的平波电抗器会产生一定的杂散损耗。为此在平波电抗器的设计中，为降低制造成本，保证运行质量，在满足电抗器性能参数的情况下尽量增大平波电抗器的主磁通密度。

同时，直流电抗器与交流电抗器电场分布也不同。在交流电压作用下，电抗器电场分布仅取决于介电常数，不与温度、场强等外界因素有关；而直流电压作用下电抗器电场的分布不仅与材料的电阻率有关，而且还随温度、场强、干湿程度等因素的变化而变化，所以交、直流电抗器在绝缘设计方面存在较大差异。平波电抗器的结构设计中虽然两端电压不高，但所需承受的雷电冲击和操作冲击水平较高。同时，由于谐波频率较高，故两端谐波电压较高，需考虑绝缘结构及材料选用的合理性。

### 2.9.2 平波电抗器在直流输电工程中的应用

在我国，目前应用最广泛的是较为传统的远距离陆地架空线直流输电，即根据地理和资源分布情况，将中国西南水电和西北火电以高压直流输电的形式送至华东和华南两大经济发展密集区域，输电线多以超高压与特高压为主。在国外，新能源项目中多用到轻型直流输电，即通过海底直流输电，将海上清洁能源（如风能和太阳能）通过海底电缆送到陆地供人们使用，或是在地下铺设电缆实现区域性电能互送，节省地面走廊。前者因技术较为成熟已被国内外大量采用，而且以我国特高压（UHVDC）为甚，后者因技术相对新颖，适合我国局部区域的电网建设，目前尚处于研究阶段。

在传统 HVDC 电力传输系统中，通常是在送端整流器的后侧和受端整流器的前侧分别安装一电抗器来移除换流器直流侧的电流纹波，该电抗器叫做平波电抗器，见图 2.12。

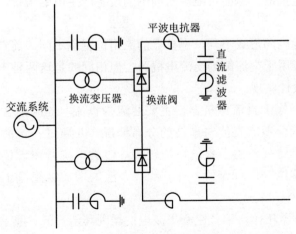

图 2.12　用于传统 HVDC 直流输电的平波电抗器

在轻型直流输电系统中，与传统高压直流输电刚好相反，是在送端整流器的前侧和受端整流器的后侧，安装一电抗器（通常使用干式空心电抗器），这个电抗器叫做整流电抗器或者换相电抗器，主要是截断换流器开关时带来的有害电流，见图 2.13。

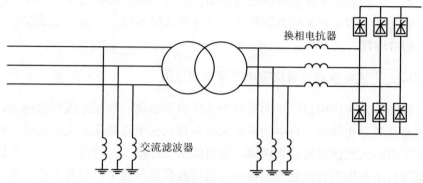

图 2.13　用于轻型直流输电的换相电抗器

换相电抗器是柔性直流换流站的一个关键部分，主要具备如下功能：①抑制换流器输出的电压和电流中的高频分量，以获得期望的基波电压和基波电流。②当系统发生扰动或短路时，能够有效抑制因系统短路或受扰动而产生的电流上升率，限制短路电流峰值。为了减小传送到系统侧的谐波，所以电抗器上的杂散电容应越小越好。另外换流阀在每个开关过程中的 du/dt 较大，杂散电容的作用会产生一个电流脉冲，这个脉冲会对换流阀产生很大的应力。同时，换流器的高频谐波会通过相电抗器，从而可能会对周围的设备产生电磁干扰，因此还需要进行必要的屏蔽。

两种直流输电的形式不同，电抗器的应用位置也不同，前者用于直流侧为直流电抗器，后者用于交流侧为交流电抗器，但相同的是这两种电抗器均可以采用干式空心结构设计实现。

平波电抗器属于直流电抗器，主要通流为直流，同时附含大量谐波，所以设计时，必须综合考虑直流与谐波的分布情况，并通过一定的演算方法得到合理的温升分布。此外，由于系统电压较高，该类电抗器在设计时还需要特殊考虑线圈本体纵绝缘与匝间绝缘水平，解决办法为增加纵绝缘距离和加强股间绝缘强度。

与油浸电抗器相比，干式空心平波电抗器因其造价低、噪音小、免维护等优点备受用户青睐，因此在±500kV 及以上系统被大面积应用。

# 2.10　特高压直流平波电抗器特性分析

在各个直流输电工程中的干式电抗器本体结构本质上并无太大区别。此处以云广特高压输电工程中楚雄换流站为例。±800kV 云广特高压直流工程为世界上第一个特高压直流工程，输送容量为 5000MW，输电距离 1373km。因为特高压直流系统输送容量大，这对线路设备的性能要求严苛，而在直流换流站中，平波电抗器作为重要设备，它与直流滤波器构成特高压直流换流站直流侧的直流谐波滤波回路。平波电抗器在特高压直流输电系统中的作用主要有：①防止因直流线路或直流开关所产生的陡波电压进入阀厅，保护换流阀；②较小直流电流中的谐波成分，当输送负荷小时避免电流断续；③降低换相失败率，云广特高压工程在中性母线和极母线上分别安装两台平波电抗器。

## 2.10.1　特高压直流平波电抗器的特点

（1）性能特点。

云广特高压平波电抗器的选择是依据阀组接线方式和直流场的布置所决定的。因为云广特高压传输功率大，涉及用户范围广，采用了旁路回路来增加阀组运行的多样性，而平波电抗器在这一方面更具优势。与油浸式平波电抗器相比，平波电抗器具有以下特点：①高压母线和中性母线上分别串联 2 个 75mH 线圈，使得运行时可靠性和冗余度更高，不论哪一组中 1 台平波电抗器发生故障时，均可通过短接故障平波电抗器方式隔离故障点继续运行，在有足够停电检修时间时再将其更换，缩短停电时间；②干式平波电抗器的直流电压仅由支撑绝缘子承担，匝间绝缘强度低，因此其对地绝缘也相对简单；③干式空心平波电抗器不需配置任何单独保护，简化了二次控制和保护设备投资，故障也易发现；④以往的直流穿墙套管易导致不均匀湿闪，由于采用合成绝缘子后问题得以解决。

（2）结构特点。

平波电抗器结构简单，本体主要由线圈、星形汇流架和防电晕环等组成。为减少噪声对环境的污染，本体外壳安装了隔音罩，但这使红外测温难度加大。线圈是平波电抗器的核心元件，是由直径不同的多层圆筒式并联而成，且每层线圈均用户外环氧树脂的玻璃丝密封缠绕，且每层之间都留有散热通风道，所以干式电抗器采用自然风冷却方式。平波电抗器线圈的上下两端有汇流架，其作用主要是充当导电板，连接各包封引导线。为了避免线圈局部电流过大和过热问题，每层线圈以圆周方式均匀向外引出，所有经过并联线圈的电流通过上下两端汇流排汇集到外接端子，电流得以均匀分配。

### 2.10.2　并联避雷器对电抗器电压分布的影响

一般情况下，150mH 平波电抗器是由两台 75mH 平波电抗器串联而成，而冲击波尤其是陡峭的冲击波具有明显的行波特点，所以冲击波将先后作用于两台平波电抗器上，而不能均匀分配作用于其上。因此，有如下两种方式安装避雷器于两台 75mH 平波电抗器：

（1）两台电抗器整体加装避雷器。此种方式当遭受冲击电压时，第一台电抗器分担的电压较高，落于第一台电抗器上的最高电压可能达到输入峰值的 83.3% 在爬电距离要求很大的条件下，电抗器高度明显超过 5m 方能满足要求，这会造成平波电抗器无法正常输运。

（2）两台电抗器分别加装并联避雷器。此种方式当遭受冲击电压时落于两台电抗器上的电压最大值均不足输入波峰值的 50%，且电压分配非常均匀。

由此可知，避雷器利用自身非常平坦的伏安特性，对两台电抗器产生了强制均压的效果。因此，很有必要将纵向保护的并联避雷器拆分为两台并分别与两台电抗器并联。

### 2.10.3　中性母线上平抗对高速开关的影响

当中性母线上不安装平波电抗器时，高速开关靠阀厅侧发生故障，由于换流阀闭锁，交流进线开关断开，电流急剧下降，此时应断开高速开关来隔离故障，使健全极继续运行。当中性母线上分置平波电抗器时，这不仅会增加中性母线上高速开关重合几率，也会使中性母线上的高速开关分开困难。在以往直流工程中，配置在中性母线上的高速开关是双断口且无过零振荡装置，在云广工程中，中性母线开关用以四断口且加装了过零振荡装置来取代双断口且无过零振荡装置。因此在云广直流工程中，无论是正常运行还是倒闸操作，中性母线安装平抗与否对高速开关均无影响。但是当平波电抗器靠阀厅侧发生短路故障时，为使健全极继续运行，隔离故障极，中性母线开关要断开来，这时通过中性母线开关电流为：

$$I_{HSNBS} = \left[ \left( R_{EL} + R_{EE} \right) / \left( R_{EL} + R_{EE} + R_G + R_N \right) \right] I_{d\max} = 3.432$$

式中：$R_{EL}$、$R_{EL}$、$R_G$、$R_N$ 分别为接地极线路电阻、接地极电阻、站接地电阻、中性母线电阻；$I_{d\max}$ 为最大过负荷。

中性母线上的高速开关很难断开来隔离故障极的原因是因为中线母线上有平波电抗器，存在电感，故障极闭锁后电流很难瞬间转移到健全极，在很难断开隔离故障极的同时还有可能会导致双极闭锁，为此云广工程中性母线上高速开关安装了过零振荡装置来增加开关的开断能力。但并没有进行现场试验，实际运行工况可能与试验存在差异。在中性母线高速开关靠近阀厅侧发生接地短路故障时，进线开关跳开，换流器闭锁，但由于平波电抗器的储能特性，电流不会很快降低到开关可跳开的范围内，导致接地点－平波电抗器－接地极三者构成了一个回路，如果电流过大导致入地电流超过一定限值，保护动作使双极闭锁，还可能导致中性母线高速开关不能及时跳开，无法对故障极进行隔离，健全极的电流流入接地点导致双极闭锁。此外，由于中性线开关先跳开，流过开关的电流如果大于定值，开关保护自动进行重合，该过程会产生大量能量，可能导致过零振荡装置、并联避雷器释能能力不够。

### 2.10.4 特高压直流平波电抗器的耐热性能与温升限值

特高压干式空心平波电抗器的温升指标，在制造方和运行方两方面常常有着不同的要求，并且，如果设备的耐热等级相同但是存在用途差异，其温升指标会随之改变，如果设备类型相同而用户对象不同，其温升指标也不统一。设备的使用寿命与热点温升的制定有着确定性的作用，因此指标需要明确给出。

此外，环境温度的最高值与平均值也会影响不同耐热等级设备的温升限值。不同种类的干式线圈类设备的国际标准规定的温升限值如表 2.3 所示，其条件为环境温度的最高值小于 40℃，每天环境温度的平均值小于 30℃，每年环境温度的平均值小于 20℃。

表 2.3 干式线圈类设备温升限值标准

| 设备名称 | 标准代号 | B 级绝缘 | | F 级绝缘 | | H 级绝缘 | |
| --- | --- | --- | --- | --- | --- | --- | --- |
| | | 热点 | 平均 | 热点 | 平均 | 热点 | 平均 |
| 干式变压器 | IEC60076-11－2004 | 90 | 80 | 115 | 100 | 140 | 125 |
| 平波电抗器 | IEEE1277－2000 | 90 | 80 | 115 | 100 | 140 | 125 |
| 并联电抗器 | IEEE C57.21－1990 | 90 | 80 | 115 | 100 | 140 | 125 |
| 交流阻波器 | IEC60353－1989 | 110 | 90 | 135 | 115 | 155 | 140 |
| 限流电抗器 | IEEE C57.16－1996 | 110 | 80 | 135 | 100 | 160 | 115 |
| 交流阻波器 | ANSI C93.3－1995 | 110 | 90 | 135 | 115 | 160 | 140 |

根据向家坝—上海±800kV，其中对平波电抗器（整体 F 级，匝间绝缘 H 级）的温升限值给出了具体的规定，当电流为 1.1 倍的额定电流时，其规定的热点温

升值规定为 105K，根据云南—广东±800kV 直流特高压工程，其中对于平波电抗器（整体 F 级，匝间 H 级）的具体规定，当电流为 1.1 倍额定电流时其热点温升规定为 90K。当与平波电抗器国际标准 IEEE1277－2000 比较时，如果匝间绝缘为 H 级，经计算可知，向家坝—上海和云南—广东两个项目对温升限值的规定分别存在 35K、50K 的裕度。如果匝间绝缘为 F 级，经计算可知，两个项目的规定值也分别有 10K、25K 的裕度值，此时可做"12.5 度规则"对比估算，热寿命会延长到分别为 78%、324%。

# 第三章　特高压直流平波电抗器的运行参数测量

## 3.1　概述

　　干式平波电抗器（简称干抗）作为高压直流输电工程的关键设备之一，在直流输电系统中，如果逆变侧电压出现崩溃可以抑制过电流，如果直流电流传输中出现纹波可以平抑，可以防止当沿直流线路入侵到换流站的过电压对换流阀绝缘的影响以及使得在低负荷工况下保持连续的直流电流。由于油浸式平波电抗器维护复杂，因此在现今的直流输电工程中逐渐被更加优化的干式平波电抗器所取代。

　　在国内超高压及特高压直流输电系统中，与平波电抗器相关的研究主要集中在干抗的电感值计算、磁感应强度计算与测量、损耗及温升计算与测量、过电压试验等方面，而平波电抗器在换流站工况运行下的试验测量研究鲜有报道，鉴于此，本章选取国内具有典型代表作用的四个换流站作为背景，分别为 2 个 ±500kV 换流站（用 A、B 站代指）和 2 个 ±800kV 换流站（用 C、D 站代指），对上述四个换流站站内不同极性的平波电抗器分别进行合成电场测量、磁感应强度分布测量、温度测量、噪声测量和局部放电测量，以研究其运行状况。研究结果可以为平波电抗器的日常巡检和维护提供一定的依据以及相关的改进意见。

## 3.2　测量试验

　　本章结合我国超高压及特高压直流输电工程实际运行情况，介绍了四个换流站工况运行下的平波电抗器相关试验测量过程以及结果分析，测量涉及平波电抗器附近巡视走道的合成电场强度测量、平波电抗器附近区域磁感应强度测量、平波电抗器温度、噪声及局部放电测量。所涉及换流站电压等级为 500kV 和 800kV，换流站所在地理区域不同，环境气候因素不一，因此在试验测量过程中，按各试验标准进行测量，详细记录了换流站站内高压设备布置情况、记录换流站运行参数、记录试验测量的环境因素、记录测量过程等。

### 3.2.1　A 换流站±500kV 干抗试验测量

A 换流站是我国第一条超高压直流输变电工程，采用平波电抗器，本章首先对 A 换流站干抗进行相关试验测量，研究其运行状态。

#### 3.2.1.1　A 换流站平波电抗器

A 换流站如图 3.1 所示，电压等级为±500kV，直流单极输送容量为 600MW，双极 1200MW。换流站主要由交流场、控制楼阀厅、直流场三部分组成，其一次主设备有换流阀、换流变、交流滤波器、直流滤波器、平波电抗器、断路器、隔离刀闸等。

图 3.1　A 换流站

该换流站极Ⅰ和极Ⅱ母线各有两组串联结构的平波电抗器，每组电抗器由两个相同结构的绕组串联叠加而成，每台平波电抗器额定电感为 0.15H。图 3.2 为极Ⅰ平波电抗器现场图片，极Ⅱ平波电抗器布置方式与极Ⅰ相同。

平波电抗器是中国上海 MWB 互感器有限公司（TRENCH CHINA）生产的干式空心平波电抗器，站内四台平波电抗器结构参数相同，主要技术规范参数如表 3.1 所示。

#### 3.2.1.2　干抗的电场测量

测量的场磨传感器使用日本理音的 RION-EA07A 直流合成场强测量仪，接地板为标准的 $1×1m^2$ 的铝板，其中，与直流合成场强测量仪配套使用的接地板中间留有直接 52mm 的圆孔（场磨中旋转快门的直径）。电场试验测量现场使用的电源为后备式不间断电源，型号为 BK650-CH，施耐德产品。

图 3.2　极 Ⅰ 平波电抗器 Ⅰ 和 Ⅱ

表 3.1　平波电抗器技术规范

| 出厂序号 | 050001 | 产品型号 | PKDGKL-500-1200-150 |
|---|---|---|---|
| 总重 | 36381 KG 801341bs | 图号 | OMWB.99.015 |
| 冷却方式 | 自然空气冷却（AN） | 额定电抗 | 47.12Ω |
| 额定电流 | 1500A DC | 最大连续电流 | 1380A |
| 额定电感 | 0.15H | 热稳定电流 | 5kA/15ms |
| 系统电压 | ±500kV | 温升 | 45K |
| 绝缘等级 | F（绝缘等级为 155 度） | 海拔高度 | ≤1000 米 |
| 额定电压时的电抗（实测值） | 47.815Ω | 基本冲击水平 | U1425AC630 |
| 生产日期 | 2005.7 | 安装地点 | BD24+L1/2、BD14+L1 |
| 使用标准 | GB10229-88/IEC289-1988 | 投运时间 | 2007-9-2 |
| 生产厂家 | 中国上海 MWB 互感器有限公司（TRENCH CHINA），干式空心平波电抗器 | | |

　　在正常运行期间内对该换流站极 Ⅰ 平波电抗器 Ⅰ 和 Ⅱ 进行合成场强测量，测量地点选择该换流站直流侧场地的巡视走道、直流母线下方等直流区域。针对换流站极 Ⅰ 端的实际情况，制定了测量点布置示意图，如图 3.3 所示，图中共计 7 个测量点，每个测量点的间距为 2.6m，其中，1 至 3 测量点与直流母线平行，4 至 7 测量点与母线方向垂直，均匀分布在直流母线侧两端。

　　现场测量如图 3.4 所示，通过卷尺和标签纸进行测量点定位接地板的对地高度为 10cm，符合《DL/T1089－2008 直流换流站与线路合成场强、离子流密度测量方法》中要求。

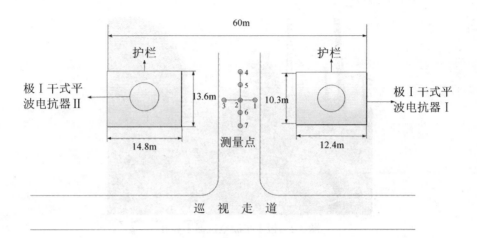

图 3.3 A 换流站干扰电场测量示意图

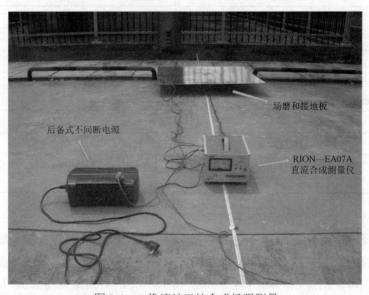

图 3.4 A 换流站干扰合成场强测量

该换流站平波电抗器电场相关试验测量的环境参数、换流站运行参数如表 3.2 所示。

A 换流站极 I 平波电抗器 I 和 II 的合成场强测量结果如表 3.3 所示。

表 3.2　A 换流站干抗电场测量记录

| 测量地点 | A 换流站 | 测量时间 | 2013 年 7 月 27 日 |
|---|---|---|---|
| 测量对象 | 极 I 平波电抗器 I 和 II | 测量仪器 | RION—EA07A 直流合成场强测量仪、后备式不间断电源及接地板 |
| 海拔高度 | 平均海拔 267m | 环境温度 | 37℃ |
| 环境风速 | ＜2m/s | 相对湿度 | 57% |
| 降雨量 | 0mm | 运行电压 | 490kV |
| 运行电流 | 1184A | 测量人员 | |

表 3.3　A 换流站干抗合成场强测量

| 测量点 | 合成电场强度（V/cm） | | |
|---|---|---|---|
| | 最大值（95%值） | 80%值 | 平均值（50%值） |
| 1 | 220 | 210 | 200 |
| 2 | 240 | 230 | 220 |
| 3 | 200 | 190 | 180 |
| 4 | 220 | 210 | 200 |
| 5 | 200 | 180 | 160 |
| 6 | 210 | 190 | 180 |
| 7 | 240 | 220 | 210 |

### 3.2.1.3　干抗的磁场测量

A 换流站极 I 平波电抗器 I 和 II 的直流磁场测量，选用 CTM-3W 型磁通门磁强计。CTM-3W 型磁通门磁强计是一种手持式磁通门计，具有体积小、便于携带、操作简便等特点，主要应用于：测量环境磁场、校准实验室磁场源（如亥母霍兹线圈、螺线管等）、测量岩石中的弱磁场、测量地球矢量磁场、检测磁场屏蔽的衰减特征、评估磁屏蔽间的效果等。CTM-3W 型磁通门磁强计主要性能指标如表 3.4 所示。

表 3.4　CTM-3W 型磁通门磁强计性能指标

| 测量范围 | 一档：±200μT |
|---|---|
| | 二档：±20μT |
| 磁场分辨率 | 一档：0.1μT |
| | 二档：0.01μT |

续表

| | |
|---|---|
| 不确定度 | <1% |
| 磁场显示 | 3 位半 LCD 显示 |
| 供电 | 9V 积层电池 |
| 探头尺寸 | φ10mm×100mm |
| 主机尺寸 | 73×132×28mm³ |

在平波电抗器正常工作时间内进行磁场分布试验测量，测量地点选择尽量平坦空旷区域，尽量避开电气设备密集区域。根据 A 换流站站内设备布置情况，对极 I 平波电抗器 I 和 II 进行磁场分部试验测量，换流站入口附近平行于管母的巡视走道，图 3.5 中显示的巡视走道为较理想的平波电抗器磁场测量区域。

测量区域内，不能转移的物体应记录其尺寸及其线路的相对位置，并补充测量离物体不同距离处的相关磁场测量。平波电抗器 I 和 II 的布置方式及距离参数如图 3.5 所示，护栏两端间距约为 60m，围栏至护栏平行间距约为 12m，取巡视走道附近 60m×10m 的矩形区域为测量区域，如图 3.5 中虚线矩形所示，测量点间距平行围栏方向取 5m 间距，垂直围栏方向取 2m 间距，磁场试验测量点为 12×5 个，测量点对地高度取为 1m。测量区域中的各个测量点通过卷尺进行定位，如图 3.6 所示。

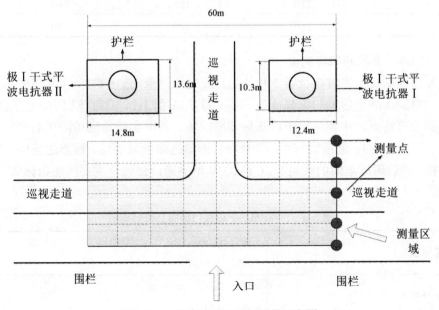

图 3.5　A 换流站干扰磁场测量示意图

图 3.6　A 换流站干抗磁场测量

　　平波电抗器磁场分布试验测量中，记录数据包括换流站运行电压、运行电流、周围环境参数等。每个测量点分别进行 X 轴、Y 轴和 Z 轴三个方向的磁场测量，测量数据稳定后读数并记录，每个测量点分别进行 3 次磁场测量，每个测量点共计 9 个测量数据。磁场测量中的数据读取及记录等，如图 3.7 所示。

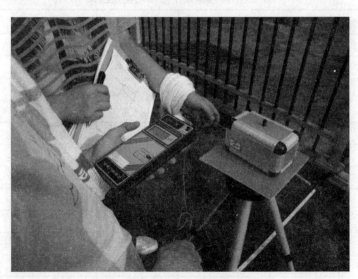

图 3.7　A 换流站干抗磁场记录

对每个测量点的 9 个测量数据按下式进行数据处理：

$$B_{sum} = \sqrt{\frac{1}{n}\sum_{i=1}^{n}(B_{Xi}^2 + B_{Yi}^2 + B_{Zi}^2)}$$

式中：$B_{sum}$ 为测量点的空间合成磁感应强度，单位为 μT。$n$ 为测量次数，本次试验测量中 $n$=3。$B_{Xi}$、$B_{Yi}$、$B_{Zi}$ 分别为第 $i$ 次测量的 X 轴、Y 轴和 Z 轴方向的磁感应强度分量，单位为 μT。

换流站平波电抗器磁场试验测量的环境参数、换流站运行参数如表 3.5 所示。

表 3.5 A 换流站干抗磁场测量记录

| 测量地点 | A 换流站 | 测量时间 | 2013 年 7 月 27 日 |
|---|---|---|---|
| 测量对象 | 极 Ⅰ 平波电抗器 Ⅰ 和 Ⅱ | 测量仪器 | CTM-3W 型磁通门磁强计 |
| 海拔高度 | 267m | 环境温度 | 37° |
| 环境风速 | <2m/s | 相对湿度 | 57% |
| 降雨量 | 0mm | 运行电压 | 490kV |
| 运行电流 | 1184A | 测量人员 | |

该换流站平波电抗器磁场试验测量中测量区域各个测量点的空间合成磁感应强度如表 3.6 所示。

表 3.6 A 换流站干抗磁场测量结果

| $B_{sum}$/μT | 1 | 2 | 3 | 4 | 5 |
|---|---|---|---|---|---|
| 1 | 201.7 | 161.1 | 127.8 | 105.4 | 树丛 |
| 2 | 超量程 | 超量程 | 171.3 | 132.6 | 树丛 |
| 3 | 超量程 | 超量程 | 174.0 | 134.1 | 树丛 |
| 4 | 196.7 | 166.5 | 135.8 | 111.3 | 树丛 |
| 5 | 103.9 | 104.3 | 95.4 | 89.7 | 78.6 |
| 6 | 76.1 | 81.3 | 79.3 | 74.6 | 67.5 |
| 7 | 98.8 | 100.3 | 92.3 | 84.1 | 75.5 |
| 8 | 182.5 | 155.4 | 130.4 | 116.6 | 96.0 |
| 9 | 超量程 | 超量程 | 165.7 | 134.6 | 107.5 |
| 10 | 超量程 | 236.2 | 163.4 | 134.2 | 103.0 |
| 11 | 197.3 | 160.1 | 130.0 | 113.5 | 94.9 |
| 12 | 118.5 | 105.8 | 92.7 | 91.5 | 75.0 |
| 13 | 80.4 | 78.7 | 72.8 | 68.8 | 61.1 |

　　可以看出，表 3.6 中的 1 至 11 列数据关于第 6 列数据呈现一定的对称分布。由平波电抗器磁场仿真可知，极Ⅰ平波电抗器有Ⅰ和Ⅱ两台，地面合成磁感应强度分布存在两个峰值，分别正对于平波电抗器投影正下方。图 3.8 是该换流站平波电抗器地面合成磁感应强度分布图。

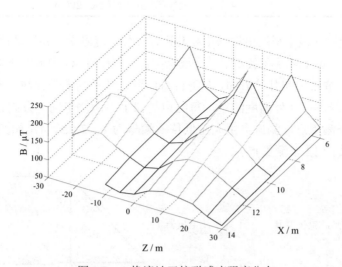

图 3.8　A 换流站干抗磁感应强度分布

　　图 3.8 中合成磁感应强度没有关于 Z 轴零点对称的主要原因是平波电抗器Ⅰ和Ⅱ的护栏尺寸不同，分别为 12.4m×10.3m、14.8m×13.6m。表 3.6 中超量程的主要原因是测量点靠近平波电抗器，Z 轴磁感应强度分量过大，超过 200μT 的最大量程，此外，平波电抗器Ⅱ靠近围栏区域存在树丛障碍物，不能进行测量点定位，故没有测量该处的三个方向的磁感应强度分量。

### 3.2.1.4　干抗的温度测量

　　换流站极Ⅰ平波电抗器Ⅰ和Ⅱ的现场温度测量，选用的温度测量设备为美国雷泰 Raynger 3i 红外测温仪，可非接触测量物体温度，快速方便，准确可靠。仪器校准单位为湖北省计量测试技术研究院。Raynger 3i 红外测温仪的特点如表 3.7 所示。

表 3.7　Raynger 3i 红外测温仪性能参数

| 温度范围 | -30℃～1200℃ |
| --- | --- |
| 响应波长 | 8～14μm |
| D:S | 25:1～180:1 |
| 测量精度 | 测量值的±1%或±1℃ |
| 重复精度 | 测量值的±0.5%/±1℃ |

续表

| 瞄准器 | 单激光望远镜双功能 |
|---|---|
| 发射率 | 0.1～1.0，数字可调 |
| 工作温度 | 0～50℃ |
| 电源 | 4 节 5 号碱性电池/6～9V DC. 200mA |

对该换流站的极Ⅰ平波电抗器Ⅰ和Ⅱ进行红外温度测量，并记录换流站运行电压、运行电流，记录环境参数，记录平波电抗器、阀厅以及其他设备的相对位置。

沿平波电抗器Ⅰ和Ⅱ外表面，在垂直方向取三条不同的平行线（记为L1、L2、L3），对电抗器进行红外温度测量，每组电抗器上下两绕组同一方向各 2 个测量点，共计 4 个测量点，测量点由高至低依次编号为 1、2、3、4，如图 3.9 所示，每组电抗器共计 12 个测量点。

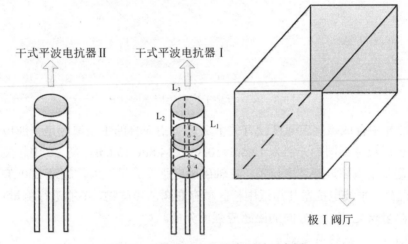

图 3.9　A 换流站干抗温度测量示意图

该换流站平波电抗器温度测量的相关参数如表 3.8 所示。

表 3.8　A 换流站干抗温度测量记录

| 测量地点 | A 换流站 | 测量时间 | 2013 年 7 月 27 日 |
|---|---|---|---|
| 测量对象 | 极Ⅰ平波电抗器Ⅰ和Ⅱ | 测量仪器 | Raynger 3i 红外测温仪 |
| 海拔高度 | 267m | 环境温度 | 37℃ |
| 环境风速 | <2m/s | 相对湿度 | 57% |
| 降雨量 | 0mm | 运行电压 | 490kV |
| 运行电流 | 1184A | 测量人员 | |

平波电抗器 I 和 II 红外温度测量结果见表 3.9。

表 3.9　A 换流站干抗温度测量数据

| 测量点编号 | 平波电抗器 I | | | 平波电抗器 II | | |
|---|---|---|---|---|---|---|
| | $L_1$ | $L_2$ | $L_3$ | $L_1$ | $L_2$ | $L_3$ |
| 1 | 57℃ | 56℃ | 57℃ | 72℃ | 62℃ | 57℃ |
| 2 | 54℃ | 52℃ | 51℃ | 56℃ | 53℃ | 54℃ |
| 3 | 55℃ | 55℃ | 56℃ | 65℃ | 59℃ | 56℃ |
| 4 | 52℃ | 52℃ | 51℃ | 56℃ | 52℃ | 52℃ |

### 3.2.1.5　干抗的噪声测量

对该换流站极 I 平波电抗器进行可听噪声测量，选择台湾产泰仕 TES 1357 精密噪音计作为试验测量仪器。TES 1357 精密噪音计的主要性能参数如表 3.10 所示。

表 3.10　TES 1357 精密噪音计性能指标

| 适用标准 | 国际委员会 IEC Pub 651 Type2<br>美国国家标准 ANSI S1.4 Type 2 |
|---|---|
| 准确度 | ±1.5dB |
| 数字显示 | 4 位数 |
| A 加权测量范围 | 30dB～130dB |
| C 加权测量范围 | 35dB～130dB |
| 量测档位 | 30～80dB，50～100dB，60～110dB，80～130dB |
| 频率响应 | 31.5Hz～8kHz |
| 频率加权特性 | A 特性和 C 特性 |
| 动态特性时间加权 | 快速和慢速 |
| AC/DC 信号输出 | 2Vrms/每档满刻度，10mV/dB |
| 过载指示 | "OVER""UNDER" 符号表示 |
| 模拟刻划显示 | 每一刻划代表 1dB，取样率为 20 次/秒 |
| 电池寿命 | 约 20 小时 |
| 操作温湿度 | 5℃～40℃，10℃～90% RH |
| 外形尺寸 | 265（长）× 72（宽）× 21（高）mm |
| 重量 | 约 310 公克 |

　　在平波电抗器正常工作时间内进行噪声分布试验测量，测量地点选择尽量平坦空旷区域，并且应在无雨雪、无雷电天气，风速 5m/s 以下时进行试验测量。数据记录包括换流站运行电压、运行电流、周围环境参数等。

　　A 换流站极 I 端平波电抗器进行噪声测量，考虑到平波电抗器 I 靠近阀厅 I，而现场阀厅 I 的可听噪声明显，因此选择平波电抗器 II 进行噪声测量，TES 1357 精密噪音计对地高度为 1.8m，以平波电抗器 II 的中心为圆点，在半径 9.5m 的 180° 圆弧线上取等间距的 11 个点，按逆时针顺序进行噪声测量，A 换流站平波电抗器噪声测量示意图如图 3.10 所示。

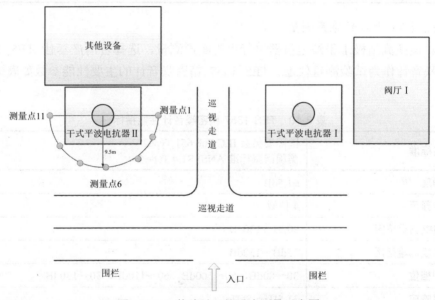

图 3.10　A 换流站干抗噪声测量示意图

　　该换流站平波电抗器 II 噪声试验测量的环境参数、换流站运行参数如表 3.11 所示。

表 3.11　A 换流站干抗 II 噪声测量记录

| 测量地点 | A 换流站 | 测量时间 | 2013 年 7 月 27 日 |
|---|---|---|---|
| 测量对象 | 极 I 平波电抗器 II | 测量仪器 | TES 1357 精密噪音计 |
| 海拔高度 | 267m | 环境温度 | 37℃ |
| 环境风速 | <2m/s | 相对湿度 | 57% |
| 降雨量 | 0mm | 运行电压 | 490kV |
| 运行电流 | 1184A | 测量人员 | |

A 换流站平波电抗器 II 噪声测量结果如表 3.12 所示。

表 3.12　A 换流站干抗 II 噪声测量数据

| 测量点编号 | 声压级 $L_{PAi}$ / dB | 测量点编号 | 声压级 $L_{PAi}$/ dB |
|---|---|---|---|
| 1 | 71.1 | 7 | 63.0 |
| 2 | 69.3 | 8 | 62.3 |
| 3 | 68.6 | 9 | 63.4 |
| 4 | 68.3 | 10 | 63.6 |
| 5 | 66.1 | 11 | 64.3 |
| 6 | 64.8 | $L_{AVG}$ | 65.89 |

### 3.2.1.6　干抗的局放测量

对该换流站极 I 平波电抗器 I 的局放试验检测，采用局部放电的非电测量法，测量设备选择为以色列产的 OFIL 紫外成像仪 SuperB，SuperB 采用全球紫外成像技术领导者 OFIL 公司独创的 Solar Blind 专利技术、全球最灵敏的日盲型紫外—可见光双通道探测器及独家镜头，设备灵敏度高，抗干扰能力强，完全不受太阳光的影响，检测时间不受限制，能在背景干扰中灵敏地探测出缺陷所发射的微弱紫外光，是架空输电线路和高压变电站换流站预防性维护检测工具的理想选择。OFIL 紫外成像仪 SuperB 相关性能参数如表 3.13 所示。

表 3.13　OFIL 紫外成像仪-SuperB 的性能参数

| 紫外光通道的光学属性 | |
|---|---|
| 最小紫外灵敏度 | $3 \times 10^{-18}$ watt/cm$^2$ |
| 最小放电灵敏度 | 1.5pC（8 米） |
| 无线电电压探测灵敏度 | 15dBμV(RIV)@1MHz（根据 NEMApubI.107-19887测试所得结果） |
| 视场角度 | 5°×3.75° |
| 探测器寿命 | 无衰老，绝对日盲专利技术 |
| 聚焦模式 | 紫外光通道与可见光通道可以自动聚焦，同时可对两个通道进行手动聚焦 |
| 聚焦距离 | 0.5 米至无穷远（可选近焦镜头） |
| 可见光通道的光学特性 | |
| 最小可见光灵敏度 | 1Lux |
| 紫外光/可见光影像重叠准确度 | 小于 1 毫弧度 |
| 视频标准 | 完全符合 PAL 或 NTSC 标准 |

续表

| | |
|---|---|
| 图像像素 | NTSC:768（H）×494（V），PAL:752（H）×582（V） |
| 快速放大 | 光学×25 数字×12（总共 300 倍）<br>按下按扭 1 秒内达到可见光最大放大值，释放按扭 1 秒内恢复原值 |

平波电抗器局放试验测量主要检测平波电抗器外表面起晕情况，因此本章对金具及表面进行紫外成像检测，同时记录换流站运行电压、运行电流，以及周围环境参数等。

用紫外成像仪对平波电抗器弧形外表面和均压环进行紫外成像扫描，待图像成型稳定后，保存图像。

平波电抗器局放试验测量的环境参数、换流站运行参数如表 3.14 所示。

表 3.14    A 换流站干抗局放测量记录

| 测量地点 | A 换流站 | 测量时间 | 2013 年 7 月 27 日 |
|---|---|---|---|
| 测量对象 | 极 I 平波电抗器 I | 测量仪器 | OFIL 紫外成像仪-SuperB |
| 海拔高度 | 267m | 环境温度 | 37° |
| 环境风速 | <2m/s | 相对湿度 | 57% |
| 降雨量 | 0mm | 运行电压 | 490kV |
| 运行电流 | 1184A | 测量人员 | |

平波电抗器局放试验测量结果如图 3.11 所示。

图 3.11    A 换流站干抗紫外成像图

### 3.2.2    B 换流站±500kV 干抗试验测量

#### 3.2.2.1    B 换流站平波电抗器

B 换流站为天广±500kV 直流输电工程的首端站，且天广±500kV 直流输电工程是继葛上±500kV 直流输电工程之后又一个跨省区的大型直流输电工程，B 换流站站内同样采用平波电抗器，为了和 A 换流站干抗试验测量作比较分析，对该换流站进行了干抗相关方面试验测量。

B 换流站采用的是加拿大 TRENCH 公司研制的平波电抗器，直流极Ⅰ和极Ⅱ平波电抗器结构参数相同，额定电感为 150mH。而 A 换流站采用的平波电抗器是中国上海 MWB 互感器有限公司（TRENCH CHINA）生产的干式空心平波电抗器，额定电感为 0.15H，试验测量的两个 500kV 换流站采用的平波电抗器电感值相同，均采用加拿大传奇公司工艺生产制造。

天广±500kV 直流输电工程西起广西的马窝，东至广州的北郊，在马窝和广州北郊各设一换流站，工程全长 960km，设计极线电压±500kV，输送容量单极 900MW，双极 1800MW。2000 年 12 月底完成极Ⅰ系统调试并投运，2001 年 6 月底完成极Ⅱ系统调试，双极投运。

B 换流站位于广西壮族自治区隆林县马窝镇境内，由 220kV 交流场、500kV 交流场、500kV 直流场三大部分组成。220kV 交流场为二分之三接线，共有 8 回出线，分别与天生桥一级水电站、天生桥二级水电站、鲁布革水电站相连。500kV 交流场为四角形接线方式，分别与云南罗平、广西百色、天生桥二级水电站相连。±500kV 天广直流起点为本站，终点为广州北郊换流站，全长约 960 公里，接地极线路约 53 公里，额定输送容量为 1800MW。交流一次设备主要有开关、刀闸、地刀、电流互感器、电压互感器、避雷器、阻波器、交流滤波器、变压器及高抗等。直流一次设备主要有换流变压器、平波电抗器、直流断路器、隔离刀闸、地刀、光 PT、光 CT、直流滤波器、耦合电容器、冲击电容器、换流阀等。图 3.12 为 B 换流站。

（a）                                （b）

图 3.12　B 换流站

　　该换流站共 1 组 500kV 高抗和 2 组 35kV 低抗。B 换流站共有平波电抗器两台，每极一台，备用一台。图 3.13 是 B 换流站站内两极平波电抗器的实际布置情况，两台电抗器平行布置，图 3.13 中视角近处的平波电抗器为-500kV 直流极 1 011 平波电抗器，远处为+500kV 直流极 2 021 平波电抗器。

图 3.13　B 换流站平波电抗器

　　该换流站采用的是加拿大 TRENCH 公司研制的平波电抗器，直流极Ⅰ和极Ⅱ平波电抗器结构参数相同，额定电感为 150mH，主要技术参数见表 3.15。

表 3.15　平波电抗器技术参数

| 设备外观 | 型式 | 平波电抗器 |
|---|---|---|
| | 型号 | EVHA71/600100TD.381T |
| | 厂家 | 加拿大，HAEFELY TRENCH 公司 |
| | 使用地点 | 极Ⅰ平波电抗器<br>极Ⅱ平波电抗器 |

续表

| 序号 | 项目 | | 参数 |
|---|---|---|---|
| 1 | 额定电感 | 额定电感值（mH） | 150 |
| | | 容许误差 | ±0.07 |
| 2 | 标称电压（kV） | | ±500 |
| 3 | 最大电压（kV） | | ±515 |
| 4 | 额定直流电流（A） | | 1800 |
| 5 | 电感随电流变化 | | 线形 |
| 6 | 绝热等级 | 热点绝对温度（℃） | 135 |
| | | 热点绝对温度（固有负荷）（℃） | 155 |
| 7 | 绕组绝缘 | 绕组绝缘等级 | F |
| | | 端子间 BIL/SIL（kV） | 1300/1175 |
| | | 端子对地 BIL/SIL（kV） | 1425/1300 |
| 8 | 固有过负荷要求 | 2 小时过负荷容量（40℃）（A） | 2200 |
| | | 2 小时过负荷容量（25℃）（A） | 2400 |
| 9 | 特殊条件下的负荷电流参数 | 连续过负荷容量（40℃）（A） | 1984 |
| | | 2 小时过负荷容量（40℃）（A） | 1984 |
| | | 3 秒过负荷容量（40℃）（A） | 2773 |
| | | 短时电流（峰值）（kA） | 8.2 |
| 10 | 额定直流电流时的负荷损耗，包含谐波，40℃（kW） | | 167 |
| 11 | 投运时间 | 极Ⅰ平抗 编号 MW1313 | 2000.12 |
| | | 极Ⅱ平抗 编号 MW1314 | 2001.06 |

#### 3.2.2.2 平抗的电场测量

对 B 换流站直流极Ⅰ和极Ⅱ平波电抗器进行直流合成电场测量和地面离子流密度测量，合成电场测量仪器为日本理音的 RION-EA07A 直流合成场强测量仪。

对 B 换流站直流极Ⅰ和极Ⅱ平波电抗器进行合成场强测量，在 B 换流站正常运行时进行测量，测量区域选择 B 换流站直流侧的巡视走道。针对 B 换流站实际情况，试验测量点布置示意图如图 3.14 所示，共计 23 个测量点，每个测量点的间距为 5m。图 3.15（a）和（b）是 B 换流站平波电抗器电场测量现场图。

B 换流站直流极Ⅰ和极Ⅱ平波电抗器电场相关试验测量的环境参数、换流站运行参数如表 3.16 所示。

续表

| 测量点 | 合成电场强度（V/cm） | | |
|:---:|:---:|:---:|:---:|
| | 最大值（95%值） | 80%值 | 平均值（50%值） |
| 18 | -200 | -190 | -180 |
| 19 | -230 | -225 | -220 |
| 20 | -200 | -190 | -180 |
| 21 | -230 | -220 | -210 |
| 22 | -160 | -150 | 140 |
| 23 | -110 | -105 | -100 |

### 3.2.2.3　干抗的磁场测量

B 换流站直流极 II 平波电抗器的直流磁场测量，选用 CTM-3W 型磁通门磁强计。CTM-3W 型磁通门磁强计主要性能指标见表 3.4，此处不再赘述。

该换流站直流极 I 和极 II 平波电抗器间的水平距离接近 60m，而中控室到巡视走道外护栏的垂直距离约为 25m。考虑到磁场测量均匀布点要求，同时根据换流站的结构特点，以直流极 II 平波电抗器为测量对象，在 +500kV 阀厅、极 II 平波电抗器、巡视走道区域选择 L 型测量区域，L 型测量区域 9m 边长对应极 II 平波电抗器轴线。具体测量布置如图 3.17 所示。

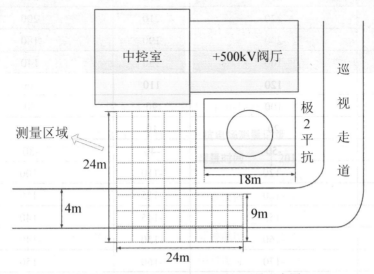

图 3.17　B 换流站极 II 干抗磁场测量示意图

测量期间，天气良好，无降雨，符合标准要求的测量条件。B 换流站平波电抗器磁场相关试验测量的环境参数、换流站运行参数如表 3.18 所示。

表 3.18　B 换流站干扰磁场测量记录

| 测量地点 | B 换流站 | 测量时间 | 2013 年 7 月 22 日 |
|---|---|---|---|
| 测量对象 | 极Ⅱ平波电抗器 | 测量仪器 | CTM-3W 型磁通门磁强计 |
| 海拔高度 | 平均海拔 836m | 环境温度 | 35℃ |
| 环境风速 | 东北风≤三级 | 相对湿度 | 57% |
| 降雨量 | 0mm | 运行电压 | 500kV |
| 运行电流 | 1300A | 测量人员 | |

测量区域各个测量点的合成磁感应强度如表 3.19 所示。

表 3.19　B 换流站极Ⅱ换流站干扰磁感应强度磁场测量结果

| $B_{sum}/\mu T$ | 1 | 2 | 3 | 4 | 5 | 6 | 7 | 8 | 9 |
|---|---|---|---|---|---|---|---|---|---|
| 1 | / | / | / | / | / | / | 141.4 | 103.8 | 78.8 |
| 2 | / | / | / | / | / | / | 160.1 | 114.7 | 79.0 |
| 3 | / | / | / | / | / | / | 168.1 | 119.8 | 77.1 |
| 4 | 109.0 | 159.1 | 183.1 | 182.4 | 180.6 | 147.7 | 126.0 | 94.4 | 74.7 |
| 5 | 97.0 | 127.0 | 147.1 | 148.9 | 141.7 | 123.5 | 103.0 | 86.1 | 71.8 |
| 6 | 87.7 | 101.8 | 111.3 | 112.6 | 108.0 | 98.4 | 87.3 | 80.2 | 68.2 |
| 7 | 77.3 | 87.6 | 92.8 | 93.1 | 90.3 | 84.8 | 79.4 | 75.4 | 65.1 |
| 8 | 77.5 | 81.3 | 84.2 | 84.3 | 81.2 | 78.1 | 75.7 | 72.6 | 65.9 |
| 9 | 83.2 | 81.4 | 82.1 | 82.4 | 81.9 | 80.6 | 77.0 | 73.0 | 66.4 |

图 3.18 是该换流站极Ⅱ平波电抗器测量区域地面 1.2 米处的磁感应强度分布曲线，可以看出，中间空缺区域磁感应强度较大，四周磁场较小。

#### 3.2.2.4　干扰的温度测量

对该换流站直流极Ⅰ和极Ⅱ平波电抗器进行红外热成像温度测量，温度测量设备选用美国 FLIR Systems Inc 公司研制生产的 FLIR P620 红外热像仪，该型号红外热像仪热灵敏度、精度超高，阵列最广，精准且功能全面，满足专家级用户的需求。

换流站直流极Ⅰ和极Ⅱ平波电抗器温度测量的相关参数见表 3.20。

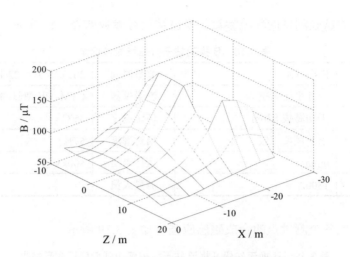

图 3.18    B 换流站极 II 干抗磁感应强度分布

表 3.20    B 换流站干抗温度测量记录

| 测量地点 | B 换流站 | 测量时间 | 2013 年 7 月 22 日 |
|---|---|---|---|
| 测量对象 | 极 I 和极 II 直流平波电抗器 | 测量仪器 | FLIR P620 红外热像仪 |
| 海拔高度 | 平均海拔 836m | 环境温度 | 35℃ |
| 环境风速 | 东北风≤三级 | 相对湿度 | 57% |
| 降雨量 | 0mm | 运行电压 | 500kV |
| 运行电流 | 1300A | 测量人员 | |

图 3.19、图 3.20 分别是 B 换流站极 II 和极 I 平波电抗器的温度测量红外热成像图。

图 3.19    B 换流站极 II 干抗红外热成像图

图 3.20　B 换流站极Ⅰ干抗红外热成像图

### 3.2.2.5　干抗的噪声测量

使用泰仕 TES 1357 精密噪音计对 B 换流站直流极Ⅰ和极Ⅱ平波电抗器进行可听噪声测量。设置 TES 1357 精密噪音计对地高度为 1.8m，以平波电抗器的中心为圆点，在半径 9.5m 的 180°圆弧线上取等间距的 11 个点，按逆时针顺序进行噪声测量，平波电抗器噪声测量示意图如图 3.21 所示。

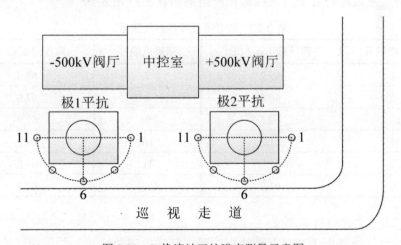

图 3.21　B 换流站干抗噪声测量示意图

B 换流站直流极Ⅰ和极Ⅱ平波电抗器噪声试验测量的环境参数、换流站运行参数如表 3.21 所示。

B 换流站直流极Ⅰ平波电抗器噪声结果如表 3.22 所示。

表 3.21　B 换流站干扰噪声测量记录

| 测量地点 | B 换流站 | 测量时间 | 2013 年 7 月 22 日 |
|---|---|---|---|
| 测量对象 | 极 I 和极 II 直流 平波电抗器 | 测量仪器 | TES 1357 精密噪音计 |
| 海拔高度 | 平均海拔 836m | 环境温度 | 35℃ |
| 环境风速 | 东北风≤三级 | 相对湿度 | 57% |
| 降雨量 | 0mm | 运行电压 | 500kV |
| 运行电流 | 1300A | 测量人员 | |

表 3.22　极 I 干扰噪声测量数据

| 测量点编号 | 声压级 $L_{PAi}$ / dB | 测量点编号 | 声压级 $L_{PAi}$ / dB |
|---|---|---|---|
| 1 | 70.4 | 7 | 63.8 |
| 2 | 70.0 | 8 | 64.9 |
| 3 | 65.8 | 9 | 64.7 |
| 4 | 63.3 | 10 | 68.0 |
| 5 | 64.0 | 11 | 67.4 |
| 6 | 66.5 | $L_{AVG}$ | 66.3 |

B 换流站直流极 II 平波电抗器噪声结果如表 3.23 所示。

表 3.23　极 II 干扰噪声测量数据

| 测量点编号 | 声压级 $L_{PAi}$ / dB | 测量点编号 | 声压级 $L_{PAi}$/ dB |
|---|---|---|---|
| 1 | 63.2 | 7 | 63.0 |
| 2 | 60.8 | 8 | 62.0 |
| 3 | 60.5 | 9 | 62.9 |
| 4 | 61.2 | 10 | 64.2 |
| 5 | 61.8 | 11 | 64.8 |
| 6 | 62.9 | $L_{AVG}$ | 62.5 |

### 3.2.2.6　干扰的局放测量

对换流站直流极 I 和极 II 平波电抗器进行局放试验检测，采用局部放电的非电测量法，局放测量设备选择为以色列产的 OFIL 紫外成像仪 SuperB。

平波电抗器局放试验测量的环境参数、换流站运行参数如表 3.24 所示。

表 3.24　B 换流站干抗局放测量记录

| 测量地点 | B 换流站 | 测量时间 | 2013 年 7 月 22 日 |
|---|---|---|---|
| 测量对象 | 极 I 和极 II 直流 平波电抗器 | 测量仪器 | OFIL 紫外成像仪-SuperB |
| 海拔高度 | 平均海拔 836m | 环境温度 | 35℃ |
| 环境风速 | 东北风≤三级 | 相对湿度 | 57% |
| 降雨量 | 0mm | 运行电压 | 500kV |
| 运行电流 | 1300A | 测量人员 | |

　　天气晴好条件下,对直流极 I 和极 II 平波电抗器进行紫外局放检测,OFIL 紫外成像仪的增益均为 100,图 3.22 是与平波电抗器相连接的均压环、母线等进行紫外测量,均压环紫外测量光子数最大为 80,起晕现象不明显。

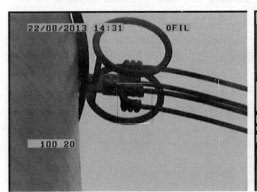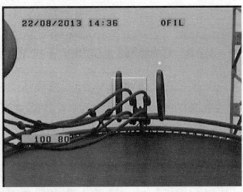

图 3.22　B 换流站干抗连接金具紫外测量

　　图 3.23 是对平波电抗器外层绕组表面紫外测量结果,测量中最大光子数为 220。

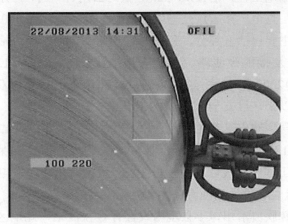

图 3.23　B 换流站平波电抗器绕组表面紫外测量

图 3.24 是对平波电抗器瓷支柱及其金属部件、均压环等紫外测量结果，测量中瓷支柱与平波电抗器绕组相连处的均压环最大光子数为 130。

图 3.24　B 换流站干抗支撑绝缘子及金具紫外测量

### 3.2.3　C 换流站±800kV 干抗试验测量

C 换流站为±800kV 云广特高压直流输电工程的首端站，采用北京电力设备总厂生产的平波电抗器，而本书试验测量中的±500kV 换流站采用的是加拿大 TRENCH 公司生产的平波电抗器。

#### 3.2.3.1　C 换流站平波电抗器

云南—广东特高压直流输电工程作为一个特高压直流输电自主化示范工程，对我国有着里程碑式的重大意义，其不仅是世界范围内第一个±800kV 高压直流输电工程，而且更是在此领域中，迄今为止等级最高的项目。云南—广东±800 千伏特高压直流输电工程，全长 1373km，横跨云南、广西、广东三省，从云南省的楚雄州禄丰县，直至广东省广州增城市，可承受输送容量 500 万 kW 的输送容量。此项目工程主要包括五部分，分别为 C 换流站、穗东换流站、楚雄—穗东直流线路、接地极及接地极线路。工程采用的接线方式为双 12 脉动阀组串联（400kV+400kV）2009 年 12 月实现单极投产，2010 年 6 月实现双极投产。自 2009 年 6 月建成投产以来，已安全运行 1200 余天。

云南—广州直流输电工程主要包含以下几个关键设备：双 12 脉动串联阀组 4 个、平波电抗器 18 个、直流换流变压器 56 台，以及直流控制保护系统和直流场开关设备 2 套。工程中极线以及中性母线各分设两台单台平波电抗器，其额定电感为 75mH，共 8 台，并留有 1 台备用，全站 9 台。

在云南楚雄彝族自治州禄丰县境内设置有 C 换流站，此地区的地貌特点为，聚集较多中低山丘陵，并且呈现北高南低的地势特点。C 换流站站内交直流设备国产率高，代表了我国电力设备先进的制造水平，是我国大力发展特高压直流输电工程的典型工程，具有积极的工程示范作用，同时也是对国产电力高压设备的严格检验与严峻考核。

C 换流站采用户外平波电抗器。站内平波电抗器选用的是北京电力设备总厂为南网云南至广东特高压直流输电工程研发的大容量 PKK-800-3125-7G 型特高压平波电抗器，该电抗器具有耐受电压高、额定损耗低、温升小、噪声水平低等诸多优点，自云广高压直流输电工程投产运行以来，该型号平波电抗器运行性能良好。

每极共有 4 台独立的电感相同的平波电抗器，其中，两台为同型的高压平波电抗器，作串联连接，安装在高压阀组顶端出线与高压直流极母线之间。另两台为同类型的低压平波电抗器，作串联连接，安装在低压阀组底端出线与中性母线之间。高压平波电抗器与低压平波电抗器的电感线圈型式和结构以及支架、底座、阻尼装置等组件完全相同，仅有支持绝缘子不同（高度和绝缘水平不同）。除支持绝缘子外，高压和低压平波电抗器应可以互换。

高压侧平波电抗器整体安装结构如图 3.25 所示，其支撑部分采用 12 柱 12m 高压复合绝缘子倾斜 15 度支撑，每柱绝缘子由 5 节绝缘子组成，并在各绝缘子之间使用 H 型金属拉筋将各柱绝缘子固定。在绝缘子顶端与电抗器之间安装有一个刚性不锈钢米字架平台和 24 根 800mm 高平台上支座进行过渡支撑。支座上方安装电抗器本体。在电抗器线圈本体的上方、中部及内部装配有降噪装置，将电抗器包裹在其内部，可以起到降低噪声和防止雨淋的作用。高压侧电抗器线圈两端配备有连接避雷器的接线端子（避雷器不在电抗器供货范围之内）。图 3.26 是 ±800kV 楚雄换流站极 II（负极）高压侧平波电抗器现场图，两台平波电抗器串联布置。

与高压侧平波电抗器相比，低压平波电抗器与高压侧主要区别有：

（1）绝缘支撑结构不同。由于高压侧平抗对地绝缘要求较高，因此绝缘子高度的选取也比较高，高压侧每柱绝缘子总高 12m，由 5 节组成，倾斜 15 度安装。每节绝缘子之间进行加固；而低压侧对地绝缘要求较低，因此绝缘子高度也较矮，每柱只有 1 节 1.7m 绝缘子构成。

（2）电晕环直径不同。高压侧电压较高，易产生电晕，采用直径为 Φ140mm 的电晕环；而低压侧电压较低，直径为 Φ80mm 的电晕环就可以解决问题。

（3）避雷器安装情况不同。高压侧为两台串联运行的平抗，若两台平抗不分别并联避雷器，各台平抗将存在绝缘隐患，所以必须在每台平抗上下端子之间并联一台避雷器才能保证安全运行；而低压侧平抗电压较低，理论计算不需要装配避雷器，所以在电抗器上下端子之间没有安装避雷器，当然也没有安装避雷器用的接口。

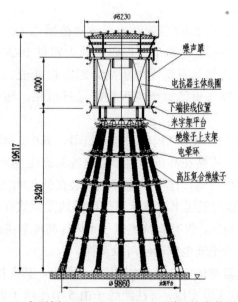

图 3.25　高压侧 PKK-800-3125-75G 型干抗安装示意图

图 3.26　C 换流站极 II 高压侧干抗

低压侧平波电抗器的安装示意图如图 3.27 所示。图 3.28 是 ±800kV C 换流站极 II（负极）低压侧平波电抗器现场图。由图 3.26 和图 3.28 可以明显看出，因高压侧绝缘要求高，高压侧平波电抗器对地高度远比低压侧平波电抗器高。

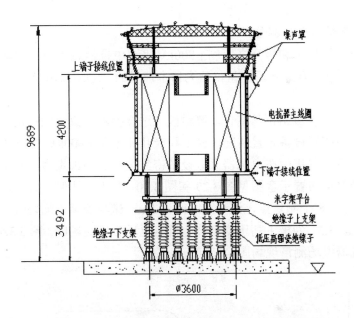

图 3.27　低压侧 PKK-800-3125-75D 型干抗安装示意图

图 3.28　C 换流站极 Ⅱ 低压侧干抗

PKK-800-3125-7G 型特高压平波电抗器额定电感 75mH，额定直流电流 3125A，最大连续运行直流电流 3461A，允许 3795A 直流下 2h 过载，可承受 20kA 短时电流峰值。端子间标称耐受雷电全波冲击水平 1260kV、操作冲击水平 950kV。高压侧端对地雷电冲击水平 2165kV，操作冲击水平 1600kV；低压侧端对地雷电冲击水平 450kV，操作冲击水平 325kV。正常运行下，该平波电抗器额定损耗不超过 235kW，平均温升不超过 70K，热点温升不超过 90K。噪声水平不超过 80dBA（距离表面 3m 远声压级）。

#### 3.2.3.2　干扰的电场测量

测量内容包括极 I 和极 II 高压侧±800kV 平波电抗器直流合成电场测量和地面离子流密度测量。合成电场测量仪器为日本理音的 RION-EA07A 直流合成场强测量仪。

试验测量期间换流站正常运行，测量区域选择换流站直流侧场地的巡视走道区域。结合站内高压设备布置情况，极 I 和极 II 高压侧±800kV 平波电抗器电场相关试验测量点布置集中在电抗器靠近设备密集区域的巡视走道，极 I 和极 II 高压侧的试验测量点布置示意图见图 3.29 和图 3.30。极 I 高压侧共计 16 个测量点，极 II 高压侧共计 18 个测量点，测量点间距为 5m，试验测量点均匀分布在巡视走道中心线上。图 3.31 为极 I 高压侧平波电抗器电场测量现场图。图 3.32 为极 II 高压侧平波电抗器电场测量现场图。

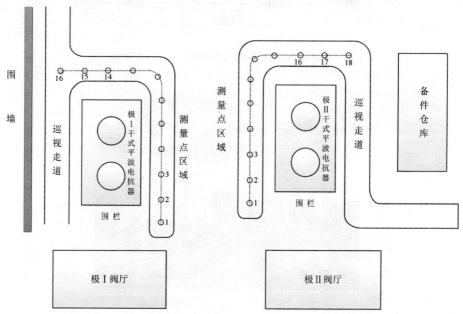

图 3.29　极 I 高压侧干扰电场测量示意图　　图 3.30　极 II 高压侧干扰电场测量示意图

2013 年 7 月 20 日，C 换流站降压（为 400kV）运行，7 月 20 日夜里有雨，7 月 21 日多云转晴。试验测量期间，无降雨，天气良好多云到晴。C 换流站平波电抗器电场相关试验测量的环境参数、换流站运行参数见表 3.25。

图 3.33 中（a）和（b）是极 I 高压侧±800kV 平波电抗器附近区域合成场强测量的现场图，图 3.33（b）为极 I 平波电抗器合成场强测量中的第 16 个测量点，该测量点靠近围墙，由于邻近效应作用，该点合成场强测量数值较小。

图 3.31　C 换流站极 I 高压侧干抗电场测量

图 3.32　C 换流站极 II 高压侧干抗电场测量

表 3.25　C 换流站干抗电场测量记录

| 测量地点 | C 换流站 | 测量时间 | 2013 年 7 月 19 日<br>2013 年 7 月 21 日 |
|---|---|---|---|
| 测量对象 | 极 I 和极 II 高压侧平波电抗器 | 测量仪器 | RION-EA07A 直流合成场强测量仪、后备式不间断电源及接地板 |
| 海拔高度 | 平均海拔 2027m | 环境温度 | 29℃<br>26℃ |

续表

| 环境风速 | 微风，小于三级 | 相对湿度 | 56% |
|---|---|---|---|
| | 微风，小于三级 | | 63% |
| 降雨量 | 0mm | 运行电压 | 800kV |
| | 0mm | | 800kV |
| 运行电流 | 3125A | 测量人员 | |
| | 3125A | | |

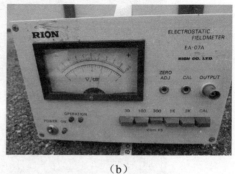

（a）　　　　　　　　　　　　（b）

图 3.33　极Ⅰ干抗合成场强测量读数

C 换流站极Ⅰ和极Ⅱ高压侧±800kV 平波电抗器的合成场强测量结果如表 3.26 和表 3.27 所示。

表 3.26　C 换流站极Ⅰ干抗合成场强测量

| 测量点 | 合成电场强度（V/cm） | | |
|---|---|---|---|
| | 最大值（95%值） | 80%值 | 平均值（50%值） |
| 1 | 300 | 290 | 280 |
| 2 | 360 | 340 | 320 |
| 3 | 400 | 380 | 360 |
| 4 | 480 | 440 | 400 |
| 5 | 460 | 440 | 400 |
| 6 | 400 | 390 | 360 |
| 7 | 360 | 350 | 330 |
| 8 | 320 | 300 | 290 |
| 9 | 280 | 260 | 220 |

续表

| 测量点 | 合成电场强度（V/cm） | | |
|---|---|---|---|
| | 最大值（95%值） | 80%值 | 平均值（50%值） |
| 10 | 200 | 190 | 180 |
| 11 | 220 | 210 | 200 |
| 12 | 220 | 210 | 200 |
| 13 | 200 | 190 | 180 |
| 14 | 200 | 190 | 180 |
| 15 | 160 | 150 | 140 |
| 16 | 120 | 110 | 100 |

表 3.27　C 换流站极 II 干抗合成场强测量

| 测量点 | 合成电场强度（V/cm） | | |
|---|---|---|---|
| | 最大值（95%值） | 80%值 | 平均值（50%值） |
| 1 | 260 | 250 | 230 |
| 2 | 260 | 250 | 240 |
| 3 | 280 | 270 | 260 |
| 4 | 320 | 310 | 300 |
| 5 | 320 | 310 | 300 |
| 6 | 360 | 350 | 340 |
| 7 | 350 | 340 | 330 |
| 8 | 300 | 290 | 280 |
| 9 | 270 | 260 | 250 |
| 10 | 260 | 250 | 240 |
| 11 | 240 | 230 | 220 |
| 12 | 250 | 240 | 230 |
| 13 | 240 | 230 | 220 |
| 14 | 220 | 210 | 200 |
| 15 | 170 | 160 | 150 |
| 16 | 140 | 130 | 120 |
| 17 | 100 | 90 | 80 |
| 18 | 60 | 50 | 40 |

### 3.2.3.3 干抗的磁场测量

C 换流站平波电抗器的直流磁场测量，选用 CTM-3W 型磁通门磁强计。

平波电抗器正常工作时间内进行磁场分布试验测量，测量地点尽量选择平坦空旷区域，尽量避开电气设备密集区域。根据站内设备布置情况，极Ⅱ高压侧±800kV 平波电抗器与备件仓库间区域较为开阔，适合进行直流磁场测量，图 3.34 为 C 换流站极Ⅱ高压侧平波电抗器磁场分布测量示意图。在平波电抗器磁场分布试验测量中，同时记录换流站运行电压、运行电流、周围环境参数等。每个测量点分别进行 X 轴、Y 轴和 Z 轴三个方向的磁场测量，测量数据稳定后读数并记录，每个测量点分别进行 3 次磁场测量，每个测量点共计 9 个测量数据。磁场测量中的数据读取及记录等，如图 3.35 所示。

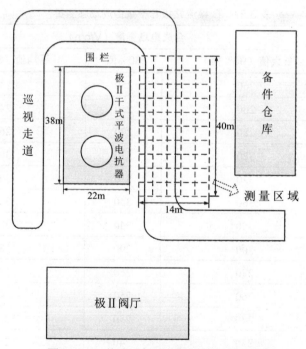

图 3.34　C 换流站极Ⅱ干抗磁场测量示意图

2013 年 7 月 19 日对极Ⅱ（负极）高压侧平波电抗器进行磁场试验测量，测量期间，天气良好，无降雨，符合标准测量条件。平波电抗器磁场相关试验测量的环境参数、换流站运行参数如表 3.28 所示。

图 3.35  C 换流站极 II 干抗磁场记录

表 3.28  C 换流站干抗磁场测量记录

| 测量地点 | C 换流站 | 测量时间 | 2013 年 7 月 19 日 |
|---|---|---|---|
| 测量对象 | 极 I 和极 II 高压侧平波电抗器 | 测量仪器 | CTM-3W 型磁通门磁强计 |
| 海拔高度 | 平均海拔 2027m | 环境温度 | 29℃ |
| 环境风速 | 微风，小于三级 | 相对湿度 | 56% |
| 降雨量 | 0mm | 运行电压 | 800kV |
| 运行电流 | 3125A | 测量人员 | |

C 换流站极 II 高压侧平波电抗器磁场试验测量中，测量区域各个测量点的合成磁感应强度如表 3.29 所示。

表 3.29  C 换流站极 II 干抗磁场测量结果

| $B_{sum}/\mu T$ | 1 | 2 | 3 | 4 | 5 | 6 | 7 | 8 |
|---|---|---|---|---|---|---|---|---|
| 1 | 62.6 | 54.4 | 51.1 | 47.8 | 48.6 | 47.4 | 48.5 | 48.5 |
| 2 | 75.5 | 63.1 | 54.6 | 50.7 | 47.5 | 46.9 | 47.1 | 46.8 |
| 3 | 92.9 | 75.3 | 63.6 | 54.5 | 49.5 | 47.8 | 46.3 | 45.5 |
| 4 | 109.2 | 87.8 | 70.2 | 60.2 | 52.6 | 47.9 | 46.1 | 44.7 |
| 5 | 125.0 | 99.4 | 80.8 | 64.8 | 55.8 | 49.5 | 46.4 | 44.2 |
| 6 | 140.8 | 109.5 | 88.3 | 70.9 | 60.8 | 52.3 | 47.4 | 43.6 |
| 7 | 154.8 | 119.0 | 93.6 | 75.6 | 63.3 | 54.6 | 48.5 | 41.8 |

续表

| $B_{sum}/\mu T$ | 1 | 2 | 3 | 4 | 5 | 6 | 7 | 8 |
|---|---|---|---|---|---|---|---|---|
| 8 | 154.6 | 122.7 | 97.9 | 78.0 | 66.3 | 56.4 | 51.7 | 49.2 |
| 9 | 158.0 | 124.0 | 99.9 | 80.9 | 68.0 | 59.2 | 52.3 | 47.5 |
| 10 | 156.9 | 124.8 | 101.2 | 83.1 | 70.1 | 60.8 | 53.4 | 45.6 |
| 11 | 156.0 | 125.2 | 102.3 | 84.5 | 71.7 | 63.8 | 58.3 | 58.4 |
| 12 | 157.1 | 125.7 | 103.4 | 86.7 | 74.9 | 65.0 | 59.3 | 56.1 |
| 13 | 155.9 | 124.7 | 104.1 | 86.7 | 75.0 | 66.5 | 59.0 | 55.5 |
| 14 | 152.1 | 125.1 | 102.2 | 86.0 | 74.9 | 68.2 | 62.2 | 61.0 |
| 15 | 146.3 | 117.6 | 98.7 | 84.9 | 73.5 | 66.3 | 62.5 | 57.2 |
| 16 | 133.2 | 109.5 | 91.9 | 79.9 | 69.6 | 65.0 | 61.8 | 54.6 |
| 17 | 119.1 | 99.8 | 83.5 | 73.4 | 68.3 | 62.2 | 60.9 | 60.2 |
| 18 | 103.1 | 87.6 | 75.4 | 66.8 | 62.7 | 58.6 | 56.4 | 55.6 |
| 19 | 87.0 | 75.5 | 68.4 | 62.6 | 58.5 | 56.9 | 54.6 | 50.6 |
| 20 | 71.0 | 64.7 | 60.1 | 60.1 | 54.4 | 53.2 | 52.7 | 52.9 |
| 21 | 59.1 | 56.3 | 53.5 | 52.1 | 51.0 | 50.6 | 50.0 | 48.6 |

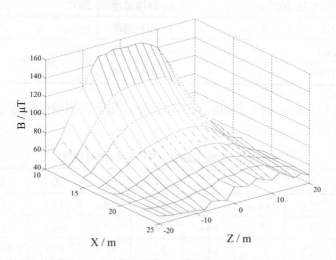

图 3.36　C 换流站极 II 干抗磁感应强度分布

　　图 3.36 是 C 换流站极 II 平波电抗器测量区域内地面 1.2 米处的磁感应强度分布曲线，可以看出，中间区域磁感应强度较大，四周磁场较小。

#### 3.2.3.4　干抗的温度测量

C 换流站极Ⅰ和极Ⅱ高压侧平波电抗器的红外热成像温度测量设备为美国 FLIR Systems Inc 公司研制生产的 FLIR P620 红外热像仪。

C 换流站平波电抗器温度测量的相关环境参数如表 3.30 所示。

表 3.30　C 换流站干抗温度测量记录

| 测量地点 | C 换流站 | 测量时间 | 2013 年 7 月 19 日 |
|---|---|---|---|
| 测量对象 | 极Ⅰ和极Ⅱ高压侧平波电抗器 | 测量仪器 | FLIR P620 红外热像仪 |
| 海拔高度 | 平均海拔 2027m | 环境温度 | 29℃ |
| 环境风速 | 微风，小于三级 | 相对湿度 | 56% |
| 降雨量 | 0mm | 运行电压 | 800kV |
| 运行电流 | 3125A | 测量人员 | |

极Ⅰ和极Ⅱ高压侧平波电抗器进行红外热成像温度测量如图 3.37 和图 3.38 所示。

图 3.37　C 换流站极Ⅰ干抗声罩红外热成像图

因为测量顺序为先测量极Ⅱ高压侧平波电抗器，后测量极Ⅰ高压侧平波电抗器，因此，红外热成像图中极Ⅰ平波电抗器测量时间点晚于极Ⅰ。

#### 3.2.3.5　干抗的噪声测量

使用泰仕 TES 1357 精密噪音计对 C 换流站极Ⅰ和极Ⅱ高压侧平波电抗器进行可听噪声测量。

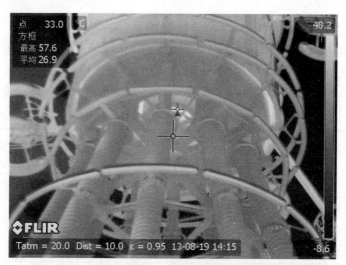

图 3.38    C 换流站极 Ⅰ 干抗星型支架红外热成像图

TES 1357 精密噪音计对地高度为 1.8m,极 Ⅰ 和极 Ⅱ 高压侧平波电抗器为两台串联布置。平波电抗器噪声测量中,以电抗器围栏的立柱进行测量点定位,测量点与立柱平行,间距为 20cm,共计 39 个测量点,沿围栏逆时针进行测量,每个测量点进行噪声测量 3 次,每次测量间隔 5 分钟,测量点噪声值取 3 次测量的平均值。图 3.39 是平波电抗器噪声测量现场图。

图 3.39    C 换流站干抗噪声测量

噪声测量过程中的环境参数、换流站运行参数见表 3.31。

表 3.31　C 换流站干抗噪声测量记录

| 测量地点 | C 换流站 | 测量时间 | 2013 年 7 月 19 日 |
|---|---|---|---|
| 测量对象 | 极 I 和极 II 高压侧平波电抗器 | 测量仪器 | TES 1357 精密噪音计 |
| 海拔高度 | 平均海拔 2027m | 环境温度 | 29℃ |
| 环境风速 | 微风，小于三级 | 相对湿度 | 56% |
| 降雨量 | 0mm | 运行电压 | 800kV |
| 运行电流 | 3125A | 测量人员 | |

　　该换流站极 I 高压侧平波电抗器噪声测量结果如表 3.32 所示，其中，声压级是测量点 3 次测量值的平均值。

表 3.32　C 换流站极 I 干抗噪声测量结果

| 测量点编号 | 声压级 $L_{PAi}$/ dB | 测量点编号 | 声压级 $L_{PAi}$/ dB |
|---|---|---|---|
| 1 | 61.5 | 21 | 59.6 |
| 2 | 59.6 | 22 | 60.9 |
| 3 | 60.3 | 23 | 60.8 |
| 4 | 65.4 | 24 | 63.4 |
| 5 | 60.4 | 25 | 70.7 |
| 6 | 66.1 | 26 | 62.9 |
| 7 | 70.6 | 27 | 64.1 |
| 8 | 61.7 | 28 | 64.4 |
| 9 | 68.0 | 29 | 66.2 |
| 10 | 65.3 | 30 | 66.8 |
| 11 | 68.6 | 31 | 66.6 |
| 12 | 64.5 | 32 | 60.8 |
| 13 | 65.0 | 33 | 63.9 |
| 14 | 59.3 | 34 | 63.1 |
| 15 | 62.8 | 35 | 59.3 |
| 16 | 66.3 | 36 | 68.5 |
| 17 | 66.1 | 37 | 66.7 |
| 18 | 62.9 | 38 | 61.4 |
| 19 | 57.2 | 39 | 69.5 |
| 20 | 65.8 | $L_{AVG}$ | 64.2 |

C 换流站极 II 高压侧平波电抗器噪声测量结果如表 3.33 所示。

表 3.33　C 换流站极 II 干抗噪声测量结果

| 测量点编号 | 声压级 $L_{PAi}$ / dB | 测量点编号 | 声压级 $L_{PAi}$ / dB |
|---|---|---|---|
| 1 | 60.7 | 21 | 64.4 |
| 2 | 62.9 | 22 | 65.8 |
| 3 | 65.0 | 23 | 63.2 |
| 4 | 65.2 | 24 | 70.3 |
| 5 | 62.8 | 25 | 62.5 |
| 6 | 61.5 | 26 | 63.1 |
| 7 | 64.1 | 27 | 62.7 |
| 8 | 68.1 | 28 | 64.0 |
| 9 | 67.7 | 29 | 66.9 |
| 10 | 64.5 | 30 | 65.3 |
| 11 | 63.3 | 31 | 66.3 |
| 12 | 65.8 | 32 | 63.1 |
| 13 | 62.6 | 33 | 66.0 |
| 14 | 63.4 | 34 | 61.6 |
| 15 | 60.6 | 35 | 62.7 |
| 16 | 59.7 | 36 | 62.6 |
| 17 | 61.0 | 37 | 62.8 |
| 18 | 63.1 | 38 | 62.2 |
| 19 | 62.6 | 39 | 65.3 |
| 20 | 63.3 | $L_{AVG}$ | 63.8 |

### 3.2.3.6　干抗的局放测量

采用局部放电的非电测量法对 C 换流站极 I 和极 II 高压侧平波电抗器进行局放试验检测，局放测量设备选择为以色列产的 OFIL 紫外成像仪 SuperB。用紫外成像仪对平波电抗器弧形外表面和均压环进行紫外成像扫描，待图像成型稳定后，保存图像。

C 换流站平波电抗器局放试验测量的环境参数、换流站运行参数如表 3.34 所示。

图 3.40 是 OFIL 紫外成像仪增益为 100 时的平波电抗器紫外测量图，图中紫外测量的最大光子数为 170，在管母连接均压环附近，其他部件金具的紫外测量光子数均较少。

表 3.34　C 换流站干扰局放测量记录

| 测量地点 | C 换流站 | 测量时间 | 2013 年 7 月 21 日 |
|---|---|---|---|
| 测量对象 | 极 I 和极 II 高压侧平波电抗器 | 测量仪器 | OFIL 紫外成像仪 SuperB |
| 海拔高度 | 平均海拔 2027m | 环境温度 | 26℃ |
| 环境风速 | 微风，小于三级 | 相对湿度 | 63% |
| 降雨量 | 0mm | 运行电压 | 800kV |
| 运行电流 | 3125A | 测量人员 | |

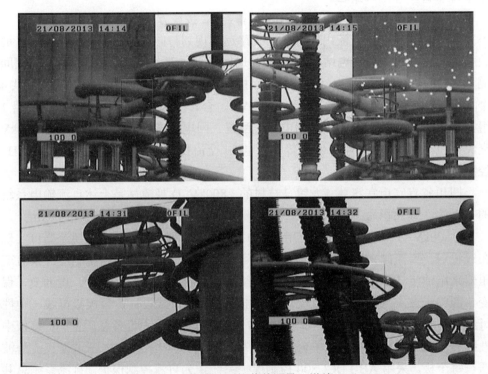

图 3.40　C 换流站干扰紫外测量（增益 100）

### 3.2.4　D 换流站 ±800kV 干扰试验测量

　　D 换流站与 C 换流站站内平波电抗器均采用北京电力设备总厂研制的 800kV 平波电抗器，电感值同为 75mH，但上述两 ±800kV 换流站站内平波电抗器的布置方式和设计结构各不相同，其中 D 换流站平波电抗器为直撑式，而 C 换流站平波电抗器为斜撑式。

3.2.4.1　D 换流站平波电抗器

±800kV 复奉直流输电系统作为我国第一个示范性特高压直流输电工程，助力西电东送项目，主要进行金沙江下游的向家坝、溪洛渡水电站的运输，大力开发利用了西部水电资源，紧跟西部大开发战略的目标，不仅有助于推动社会和谐发展，而且其示范效应和社会经济效益不容小觑。此输电工程的总长度为 1906.7km，有全长 79km 的接地极线路，承担着 6400MW 的输送，其额定电流为 4kA。在 2007 年 4 月 26 日国家核准项目启动，同年 12 月 21 日开始投建，于 2010 年 7 月 8 日开始正式投运。

500kV 交流开关场采用室内 GIS 设备，3/2 接线方式，共 9 个完整串和 1 个不完整串，共计 9 回交流出线，两回线路远期规划与向家坝左岸电站相连（目前改接为与宜宾市叙府变电站相连），两回远期规划与双龙换流站相连（目前为空间隔），两回与向家坝右岸电站相连，三回接入 500kV 泸州变电站；交流滤波器共 4 个大组 14 个小组，单组额定容量 220MVar，合计 3080MVar；高压并联电抗器 1 组，额定容量为 180MVar；站用电系统配置三回电源进线，两回取自站内 500kV 交流系统、一回取自站外 110kV 普安变电站。交流控制保护系统采用南瑞 MACH2 控制保护系统。

四川省宜宾市宜宾县复龙镇马林村的 ±800kV D 换流站是上述直流输电系统的首端站，其面积为 315.5 亩，站内围墙内面积为 253.8 亩，距宜宾市 68km。

±800kV 直流系统每极是应用两组 12 脉动换流器串联，其中单换流器可实现在线投退。换流阀采用 6 英寸电触发晶闸管，西门子技术，由西整制造；换流变压器采用油浸式单向双绕组型式，单台容量 321.1MVA，共 24+4 台，由西变、保变、西门子三家分别制造；直流场平波电抗器采用干式设计，每极极母线、中性母线各串联 2 台，共 8+1 台，单台电感 75mh，由北京电力设备总厂生产；每极中性线各串联有一台阻波器，单台电感为 75mh；并联一组 2/12/24 三调谐直流滤波器在每个极。采用 ABB DCC800 控制保护系统作为直流控制保护。直流系统总共包括 45 种接线方式，接线方式更是设计有双极高端换流器并联融冰的方式。

图 3.41 是极 II 极母线平波电抗器，图 3.42 是极 II 中性母线平波电抗器。

3.2.4.2　干抗的电场测量

对 ±800kV D 换流站极 I 和极 II 极母平波电抗器进行直流合成电场测量，测量仪器为日本理音的 RION-EA07A 直流合成场强测量仪。

结合站内高压设备布置情况，相关试验测量点布置集中在电抗器两侧巡视走道，极 I 试验测量点布置示意图如图 3.43 所示。极 I 和极 II 各有 16 个测量点，测量点间距为 5m，试验测量点均匀分布在巡视走道中心线上。

图 3.41  D 换流站极 II 极母线干抗

图 3.42  D 换流站极 II 中性母线干抗

现场测量图如图 3.44 和图 3.45 所示，接地板的对地高度为 10cm。

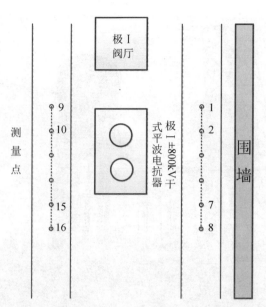

图 3.43　D 换流站极 I 干抗电场测量布置图

图 3.44　D 换流站极 I 干抗电场测量

图 3.45 D 换流站极 II 干抗电场测量

平波电抗器电场相关试验测量的环境参数、换流站运行参数如表 3.35 所示。

表 3.35 D 换流站干抗电场测量记录

| 测量地点 | D 换流站 | 测量时间 | 2013 年 7 月 17 日 |
|---|---|---|---|
| 测量对象 | 极 I 和极 II 极母平波电抗器 | 测量仪器 | RION-EA07A 直流合成场强测量仪后备式不间断电源及接地板 |
| 海拔高度 | 平均海拔 497m | 环境温度 | 24℃ |
| 环境风速 | 微风，小于二级 | 相对湿度 | 66% |
| 降雨量 | 0mm | 运行电压 | 800kV |
| 运行电流 | 3481A | 测量人员 | |

D 换流站极 I 和极 II 极母平波电抗器直流合成电场测量结果如表 3.36 和表 3.37 所示。

表 3.36 D 换流站极 I 干抗合成电场测量

| 测量点 | 合成电场强度（V/cm） | | |
|---|---|---|---|
| | 最大值（95%值） | 80%值 | 平均值（50%值） |
| 1 | 140 | 130 | 120 |
| 2 | 130 | 120 | 110 |
| 3 | 110 | 100 | 90 |
| 4 | 80 | 72 | 60 |
| 5 | 76 | 64 | 52 |

续表

| 测量点 | 合成电场强度（V/cm） | | |
|:---:|:---:|:---:|:---:|
| | 最大值（95%值） | 80%值 | 平均值（50%值） |
| 6 | 72 | 60 | 50 |
| 7 | 64 | 52 | 40 |
| 8 | 60 | 48 | 36 |
| 9 | 280 | 270 | 260 |
| 10 | 280 | 270 | 260 |
| 11 | 190 | 180 | 170 |
| 12 | 220 | 210 | 200 |
| 13 | 210 | 200 | 190 |
| 14 | 220 | 210 | 200 |
| 15 | 280 | 270 | 260 |
| 16 | 320 | 310 | 300 |

表 3.37　D 换流站极 II 干扰合成电场测量

| 测量点 | 合成电场强度（V/cm） | | |
|:---:|:---:|:---:|:---:|
| | 最大值（95%值） | 80%值 | 平均值（50%值） |
| 1 | 26 | 24 | 22 |
| 2 | 44 | 40 | 40 |
| 3 | 40 | 36 | 32 |
| 4 | 44 | 40 | 36 |
| 5 | 48 | 44 | 30 |
| 6 | 44 | 40 | 36 |
| 7 | 40 | 36 | 32 |
| 8 | 30 | 28 | 26 |
| 9 | 250 | 240 | 230 |
| 10 | 220 | 210 | 200 |
| 11 | 220 | 210 | 200 |
| 12 | 250 | 240 | 230 |
| 13 | 280 | 270 | 260 |
| 14 | 220 | 210 | 200 |
| 15 | 220 | 210 | 200 |
| 16 | 180 | 170 | 160 |

### 3.2.4.3 干抗的磁场测量

D 换流站极 II 极母平波电抗器的直流磁场测量，选用 CTM-3W 型磁通门磁强计。

根据站内设备布置情况，极 II 极母±800kV 平波电抗器与建筑物间区域较为开阔，适合进行直流磁场测量，图 3.46 为 D 换流站极 II 平波电抗器磁场测量布置示意图。

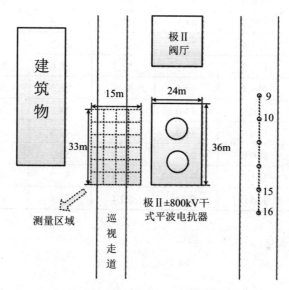

图 3.46 D 换流站极 II 干抗磁场测量示意图

相关试验环境参数、换流站运行参数见表 3.38。

表 3.38 D 换流站干扰磁场测量记录

| 测量地点 | D 换流站 | 测量时间 | 2013 年 7 月 17 日 |
|---|---|---|---|
| 测量对象 | 极 I 和极 II 极母平波电抗器 | 测量仪器 | CTM-3W 型磁通门磁强计 |
| 海拔高度 | 平均海拔 497m | 环境温度 | 24℃ |
| 环境风速 | 微风，小于二级 | 相对湿度 | 66% |
| 降雨量 | 0mm | 运行电压 | 800kV |
| 运行电流 | 3481A | 测量人员 | |

D 换流站平波电抗器磁场测量区域内各个测量点的合成磁感应强度见表 3.39。

### 3.2.4.4 干抗的温度测量

D 换流站极 I 和极 II 极母平波电抗器的红外热成像温度测量设备为美国

FLIR Systems Inc 公司研制生产的 FLIR P620 红外热像仪。

表 3.39　D 换流站极 Ⅱ 干抗磁感应强度测量结果

| $B_{sum}/\mu T$ | 1 | 2 | 3 | 4 | 5 | 6 |
|---|---|---|---|---|---|---|
| 1 | 126.4 | 86.8 | 60.5 | 40.5 | 34.2 | 32.0 |
| 2 | 128.6 | 97.1 | 59.8 | 39.0 | 30.8 | 29.8 |
| 3 | 140.0 | 92.9 | 60.0 | 34.7 | 27.2 | 28.0 |
| 4 | 147.5 | 87.5 | 49.8 | 28.2 | 23.0 | 27.1 |
| 5 | 134.4 | 78.7 | 40.1 | 20.2 | 13.8 | 29.6 |
| 6 | 118.7 | 65.5 | 32.3 | 18.6 | 21.0 | 25.2 |
| 7 | 115.4 | 60.5 | 35.3 | 26.5 | 26.4 | 29.6 |
| 8 | 120.3 | 74.0 | 47.9 | 38.5 | 34.3 | 34.2 |
| 9 | 136.8 | 86.9 | 59.2 | 47.6 | 39.8 | 36.1 |
| 10 | 140.0 | 94.4 | 67.4 | 53.2 | 42.1 | 37.9 |
| 11 | 131.7 | 93.3 | 70.4 | 54.7 | 46.9 | 39.9 |
| 12 | 116.0 | 83.4 | 70.4 | 55.4 | 46.1 | 38.9 |

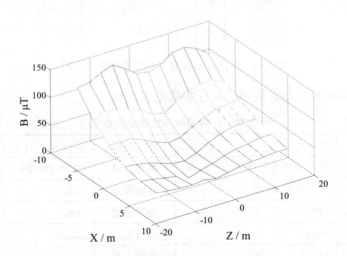

图 3.47　D 换流站极 Ⅱ 干抗磁感应强度分布

D 换流站极 Ⅰ 和极 Ⅱ 极母平波电抗器温度测量的相关参数见表 3.40。

表 3.40　D 换流站干抗温度测量记录

| 测量地点 | D 换流站 | 测量时间 | 2013 年 7 月 17 日 |
|---|---|---|---|
| 测量对象 | 极 I 和极 II 极母平波电抗器 | 测量仪器 | FLIR P620 红外热像仪 |
| 海拔高度 | 平均海拔 497m | 环境温度 | 24℃ |
| 环境风速 | 微风，小于二级 | 相对湿度 | 66% |
| 降雨量 | 0mm | 运行电压 | 800kV |
| 运行电流 | 3481A | 测量人员 |  |

极 I 和极 II 极母平波电抗器红外热成像图如图 3.48 所示。

图 3.48　D 换流站极 II 干抗红外热成像图

### 3.2.4.5　干抗的噪声测量

使用泰仕 TES 1357 精密噪音计对 D 换流站极 I 和极 II 极母平波电抗器进行可听噪声测量。

TES 1357 精密噪音计对地高度为 1.8m，极 II 极母平波电抗器为两台串联布置，以电抗器围栏的立柱进行测量点定位，测量点与立柱平行，间距为 20cm，共计 40 个测量点，沿围栏顺时针进行测量，每个测量点进行噪声测量 3 次，每次测量间隔 5 分钟，测量点噪声值取 3 次测量的平均值，图 3.49 是极 II 极母平波电抗器测量布点示意图。

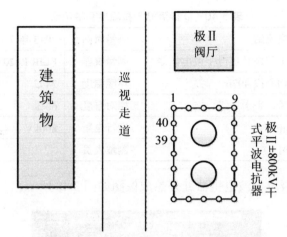

图 3.49　D 换流站极 II 干抗噪声测量示意图

极 II 极母平波电抗器噪声测量的相关参数见表 3.41。

表 3.41　D 换流站极 II 干抗噪声测量记录

| 测量地点 | D 换流站 | 测量时间 | 2013 年 7 月 17 日 |
|---|---|---|---|
| 测量对象 | 极 I 和极 II 极母平波电抗器 | 测量仪器 | TES 1357 精密噪音计 |
| 海拔高度 | 平均海拔 497m | 环境温度 | 24℃ |
| 环境风速 | 微风，小于二级 | 相对湿度 | 66% |
| 降雨量 | 0mm | 运行电压 | 800kV |
| 运行电流 | 3481A | 测量人员 | |

该换流站极 II 极母平波电抗器噪声测量结果见表 3.42。

表 3.42　D 换流站极 II 干抗噪声测量

| 测量点编号 | 声压级 $L_{PAi}$ / dB | 测量点编号 | 声压级 $L_{PAi}$ / dB |
|---|---|---|---|
| 1 | 65.6 | 22 | 68.1 |
| 2 | 67.8 | 23 | 66.1 |
| 3 | 70.9 | 24 | 60.9 |
| 4 | 70.8 | 25 | 60.5 |
| 5 | 71.0 | 26 | 67.0 |
| 6 | 73.3 | 27 | 62.4 |
| 7 | 75.1 | 28 | 63.2 |
| 8 | 74.3 | 29 | 61.0 |
| 9 | 71.4 | 30 | 60.9 |

续表

| 测量点编号 | 声压级 $L_{PAi}$ / dB | 测量点编号 | 声压级 $L_{PAi}$ / dB |
|---|---|---|---|
| 10 | 72.1 | 31 | 61.6 |
| 11 | 71.4 | 32 | 62.4 |
| 12 | 73.0 | 33 | 66.9 |
| 13 | 72.6 | 34 | 66.1 |
| 14 | 72.2 | 35 | 66.0 |
| 15 | 71.1 | 36 | 65.8 |
| 16 | 70.3 | 37 | 66.5 |
| 17 | 70.1 | 38 | 66.4 |
| 18 | 69.1 | 39 | 62.8 |
| 19 | 67.6 | 40 | 68.9 |
| 20 | 63.0 | $L_{AVG}$ | 67.4 |
| 21 | 59.0 | | |

# 3.3  结果小结

本章对四个换流站站内平波电抗器附近区域的地面合成电场强度进行了测量，测量的最大合成场强（平均值）如表 3.43 所示。

表 3.43  换流站干抗最大合成场强值比较

| 最大合成场强 V/cm<br>换流站 | 正极 | 负极 |
|---|---|---|
| A 换流站 | / | 220 |
| B 换流站 | 240 | 220 |
| C 换流站 | 400 | 340 |
| D 换流站 | 300 | 260 |

上述四个换流站干抗附近区域合成场强测量值均满足相关标准，相对而言，高电压等级干抗合场强测量值较大，地面合成场强与测量对象电压等级、测量对象对地高度相关，正极性测量值一般比负极性大，这与漂移到地面的离子相关，电子在自由空间更容易漂移，因而同一换流站，正负极高压设备布置一致情况下，负极地面合成场强测量小于正极性。

各个换流站测量点的最大磁感应强度如表 3.44 所示。

表 3.44    换流站干抗最大磁感应强度对比

| 换流站 | 最大磁感应强度/μT |
|--------|------------------|
| A 换流站 | 236.2 |
| B 换流站 | 183.1 |
| C 换流站 | 158.0 |
| D 换流站 | 147.5 |

ICNIRP 颁布的《Guidelines on limits of exposure to static magnetic fields》中规定，直流磁感应强度公众推荐值为 400mT，可见各个换流站磁感应强测量的最大磁感应强度均小于 400 mT。

4 个换流站平波电抗器红外测量对比结果见表 3.45。

表 3.45    换流站干抗红外测量结果对比

| 换流站 | 环境温度/℃ | 最高温度/℃ | 温升值/K | 温升限值/K |
|--------|-----------|-----------|----------|-----------|
| A 换流站 | 37 | 72 | 35 | 45K |
| B 换流站 | 29 | 46.8 | 17.8 | / |
| C 换流站 | 29 | 63.8 | 34.8 | 90 |
| D 换流站 | 24 | 41.5 | 17.5 | / |

可见对各个换流站站内平波电抗器进行红外测量中，红外测量可测量平波电抗器外表面、包封下端部温度，4 个换流站红外测量结果均满足相关标准要求。

平波电抗器附近进行噪声测量结果中，A 换流站、B 换流站噪声测量点较少，C 换流站和 D 换流站平波电抗器测量点较多，噪声测量对比结果如表 3.46 所示，其中，平均声压级指的是测量点的平均值。

表 3.46    换流站干抗噪声测量结果对比

| 换流站 | 最大声压级/dB | | 平均声压级/dB | |
|--------|-------------|------|-------------|------|
| | 极 I | 极 II | 极 I | 极 II |
| A 换流站 | 71.1 | / | 65.89 | / |
| B 换流站 | 70.4 | 64.8 | 66.3 | 62.5 |
| C 换流站 | 70.7 | 70.3 | 64.2 | 63.8 |
| D 换流站 | / | 75.1 | / | 67.4 |

可见在换流站进行平波电抗器噪声测量中，各换流站干抗噪声测量值均小于工程推荐值 80dB，满足相关标准要求。

对 A 换流站、B 换流站、C 换流站站内平波电抗器进行局放测量，局放测量中，3 个换流站平波电抗器表面及连接金具均未发现明显电晕现场，光子数较小，少于 500 个。

## 3.4　总结

### 3.4.1　干抗电场测量总结

本章对 4 个换流站站内平波电抗器附近区域的地面合成电场强度进行了测量，测量区域均集中在平波电抗器围栏区域的巡视走道附近，4 个换流站的合成场强测量点布置方式因站内设备布置方式不同而存在明显差异，例如测量的最大合成场强（平均值）。其中，B 换流站极 I 和极 II 的命名方式与其他三站正好相反。

4 个换流站中，±800kV 换流站合成场强最大值均大于 ±500kV 换流站，C 换流站测量值较大，但是在标准范围内。分析其主要原因有：①C 换流站海拔高度较大，电晕起晕场强与海拔成反比；②环境相对湿度较小，而 D 换流站测量中，地面尚有少量积水。

### 3.4.2　干抗磁场测量总结

本章对 4 个换流站站内平波电抗器附近方块型区域进行了相关合成磁感应强度测量，ICNIRP 颁布的《Guidelines on limits of exposure to static magnetic fields》中直流磁感应强度公众推荐值为 400mT，各个换流站磁感应强测量的最大磁感应强度均小于 400 mT，且数量级均为 μT，与推荐值单位数量级 mT 相差甚远。

### 3.4.3　干抗温度测量总结

本章对 4 个换流站平波电抗器进行红外测温，采用 Raynger 3i 红外测温仪和 FLIR P620 红外热像仪。FLIR P620 红外热像仪具有红外成相功能，而 Raynger 3i 红外测温仪只能进行点测量。FLIR P620 红外热像仪红外图像直观，操作简便。4 个换流站平波电抗器红外测量对比结果对各个换流站站内平波电抗器进行红外测量，红外测量可测量平波电抗器外表面、包封下端部温度，各个换流站平波电抗器红外测量结果各异，平波电抗器表面温度与环境温度、风速相关，4 个换流站红外测量结果均满足相关标准要求，A 换流站和 C 换流站平波电抗器的温升值均未超过其温升限值，平波电抗器热源主要为包封，红外测量中应对包封下端部进行测量，以检查是否有温升异常区域。

### 3.4.4 干抗噪声测量总结

对 A 换流站、B 换流站、C 换流站、D 换流站站内平波电抗器附近进行噪声测量，测量点噪声结果不代表平波电抗器作为声源的辐射声压级结果，各个测量点的测量结果受周围环境的背景噪声影响显著，在 B 换流站平波电抗器噪声测量中，阀厅、空调冷却设备均为重要的噪声源，试验测量中，噪声测量结果为各声源辐射值。因此对换流站平波电抗器进行噪声测量，测量结果可用于换流站站内噪声评估。

### 3.4.5 干抗局放测量总结

本章对 A 换流站、B 换流站、C 换流站 3 个换流站内的平波电抗器进行紫外成像检测。与红外成像相比，紫外成像技术可发现设备的早期隐患，而温度红外成像技术往往等隐患发展到一定程度才可检出。局放试验测量中，紫外成像检测的光子数量受仪器操作本身和环境影响，主要的影响因素有检测距离、增益、气压、温度、湿度等。在实际使用中，应将增益设在 40%～80%之间，使得放电区域尽可能为辐射星状，紫外光子数相对比较稳定。室外检测时，应在无风或风力很小的条件下进行。紫外成像检测具有简单高效、安全方便且不影响设备运行等诸多优点，可准确确定电晕放电部位，有助于对设备及时消缺，保障电网安全运行。可应用于导线外伤检测、高压设备的污染程度检测、绝缘缺陷检测等方面。

# 第四章 特高压直流平波电抗器仿真研究

## 4.1 概述

本章以干式平波电抗器在换流站的运行、监测、检修为研究背景，与研制生产厂家紧密结合，将某±800kV 换流站站内干式平波电抗器作为研究对象，展开一系列的数值仿真研究，并结合相关试验测量，检验仿真计算的准确性。本章干式平波电抗器的仿真计算研究重点主要有以下几个方面：平抗布置方式研究、平抗电场研究、平抗磁场研究、平抗温升研究等。

针对干式平波电抗器的仿真计算，有助于对干式平波电抗器的设计研究、推动干式平波电抗器的技术改进，为干式平波电抗器的性能提升以及为干式平波电抗器在特高压直流输电工程的运行、检测、维护等提供一定的参考依据。

## 4.2 平抗布置方式的暂态分析

### 4.2.1 实际工程概况和软件简介

#### 4.2.1.1 实际工程概况

该换流站建设在云南楚雄彝族自治州禄丰县境内，位于昆明市西北方向约58km，禄丰县城东面距离约 17km（公路距离 25km）的地方，在站址北面约 7.5km 为东河水库，站址东北面约 3.5km 处建设有成昆铁路。

该换流站经 2 回 500kV 交流线路连接到云南主网的 500kV 和平变，该站与小湾水电站和金安桥水电站都是通过 2 回 500kV 线路相连。该站接入系统方案如图 4.1 所示。

#### 4.2.1.2 ATP-EMTP 计算软件

本章采用国际通用的先进图形化电磁暂态计算程序 ATP-EMTP 进行计算分析。ATP 程序提供了完整计算中所需要的电气设备模型，在此基础上建立一些非常规的元件，能足够达到工程上的精度要求。

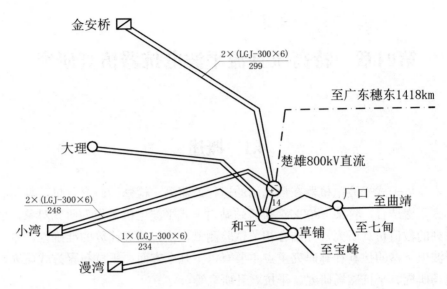

金安桥

$2\times(\mathrm{LGJ}\text{-}300\times6)$
299

至广东穗东1418km

大理

楚雄800kV直流

14

厂口 至曲靖

$2\times(\mathrm{LGJ}\text{-}300\times6)$
248

和平

至七旬

小湾

$1\times(\mathrm{LGJ}\text{-}300\times6)$
234

草铺

至宝峰

漫湾

图 4.1　该换流站接入系统方案

ATP 程序和 ATPDraw 程序的联合运用,使得计算电磁暂态现象方面的问题更加方便、准确。该软件权威性和通用性强,能计算具有集中参数元件和分布参数元件的任意网络的暂态过程,求解速度快,精度能满足工程计算的要求;Windows人机对话界面,计算模型图形化输入,操作相对比较方便,计算结果得到业界普遍认可。下面将两个程序的特点和功能做简单介绍。

ATP(Alternative Transient Program)作为一款数字仿真软件,已经被大量应用在于计算电磁暂态现象和电机原理应用中。追根溯源,在 20 世纪 50 年代末,在美国伯尼维尔电力管理局(简称BPA),道梅尔·白日朗工作期间编制了 BPA EMTP(Electromagnetic Transient Program)程序,作为此程序的继续和发展,ATP 的功能和输入数据卡片的方式非常相似,在模拟计算电力系统的电磁暂态过程被广泛使用,有助于发展电力系统的科研、设计和推进电力系统的安全运行。

ATP 的基本原理是:由于每个元件都具有不同的特性,依据其特点可列出不同的代数方程、常微分方程以及偏微分方程,最后列出相对应的节点导纳矩阵。在计算过程中通过使用稀疏矩阵算法以及优化节点编号技术,未知量为节点电压,通过矩阵三角分解,得到各个支路的电流、电压,进而算得消耗的功率、能量。通过把非线性元件线性化处理,利用迭代法初步计算潮流,这是计算稳态时应用的方法。通过分段线性化具有非线性特性的元件,进而简单迭代计算的最终结果,这是计算暂态时应用的方法。

ATP 程序的计算涉及大部分常见的电气设备,包括变压器、避雷器、旋转电机、电源、线性与非线性元件、输电线、控制系统和电缆等，解决关联到这些电气设备的电力系统的多种复杂的稳态和暂态过程。除此之外，其不仅可以解决电气方面的计算问题，也可以用电路来模拟其他非电力系统的系统，比如模拟计算机械系统的稳态或者其暂态过程。进一步可以利用 ATP 模拟仿真更加复杂的系统网络，比如分析电力电子设备、控制系统以及非线性元件。并且可以计算涉及对称或不对称的干扰，例如故障、雷电浪涌、各种各样的开关操作，包括交换阀，还支持相量网络的频率相应的计算。

作为一种系统仿真工具 ATP-EMTP 提供了强大的元件支持。ATP 目前包括下面一些元件：

- 无耦合和耦合的线型集中元件；
- 具有分布式频率特性参数的输电线路模型；
- 具有饱和与磁滞现象的变压器，浪涌抑制器，电弧；
- 普通开关，时控开关和压控开关，统计型开关；
- 真空管（二极管和可控硅）；
- 三相同步电机，通用电机；
- MODELS 和 TACSZ（Transient Analysis of Control Systems）。

MODELS 支持表达任意设计的控制和电路元件，并且可以创建简单的界面从而使 ATP 与别的程序或者模型相连接，除此之外频域和时域的仿真结果都可以进行处理。

ATP 中可利用以下支持的程序：

- LINE CONSTANTS，CABLE CONSTANTS 以及计算架空线和电缆电气参数的 CABLE PATAMETERS；
- 输入数据仿真模拟频率特性线路模型：设置 JMARTI，SEMLYEN 和 NODA；
- 计算仿真变压器（XFORMER 和 BCTRAN）；
- 饱和曲线与磁滞曲线的转化；
- 数据库的模块化。

### 4.2.2 过电压计算方法及模型

#### 4.2.2.1 雷击方式及雷电参数

直流换流站包括三部分，即直流开关场、阀厅和交流开关场。其防雷保护系统可以分为三个子系统：第一子系统由接闪装置、引流线和接地装置构成，作用是防止雷直击至换流站电力设备上；第二子系统是进线段保护，我们把换流站附近的一段线路（通常为2km）叫进线段，进线段以外线路遭受雷击时，雷电波受到冲击电晕和大地效应而大大衰减，如果雷击进线段中的架空线路，站内设备的绝缘有可能受到损害，在进线段内设置的避雷线，不仅担负了防雷的任务，而且可以尽量使换流站内雷电进行波事故发生率降到最低；第三子系统的主要部分为避雷器，其目的是为了使侵入雷电波不超过电气装置绝缘裕度的规定范围。一般来说，由于第一子系统的作用，雷直击换流站设备的概率非常小，因而可将此种情况忽略不计。在第二子系统中，需要有强屏蔽效果以及高耐雷水平的避雷线的设置，尽管如此，雷电侵入波造成站内电气设备过电压的情况仍不可避免，因此在计算中主要研究沿进线段侵入直流开关场的雷电侵入波过电压。

对于全线架设避雷线线路来说，雷击有三种情况：雷击点在塔顶或其附近的避雷线、雷击点在避雷线档距中央及其附近区域、雷击点在导线上绕过避雷线。其中，为了防止雷击点在避雷线档距中央时发生反击，传播到导线上，对档距中央空气间隙与档距之间距离，在国内如今过电压保护设计规范做了如下规定：

$$S \geqslant 0.012l + 1 \quad (\mathrm{m}) \tag{4-1}$$

所以，雷击点在档距中央避雷线反击导线的情况在计算时可以不用考虑，只需计算雷击点在塔顶或塔顶附近避雷线发生反击以及雷电绕击导线。考虑到主要目的是分析平波电抗器不同布置方式对换流站过电压分布的影响，并非以耐雷水平为主要分析对象，因此本书仅分析反击情况。

由于大部分雷电的极性为负极性，因此换流站直流侧 $\pm 800\mathrm{kV}$ 的直流工作电压使得大部分雷电反击发生在正极性线路。因此反击过电压计算工况选取单极正极性大地回线运行。

参考电力行业的标准《交流电气装置的过电压保护和绝缘配合》（DL/T620－1997），可以得到雷电流幅值概率曲线在该换流站地区的表达式：

$$\log P = -\frac{I}{88} \tag{4-2}$$

式中：$P$ 表示幅值超过 $I$（kA）的雷电流概率。

在进行反击计算时，常常应用惯用法，即参考站内防雷可靠性，用一累积概率下得到的幅值进行计算。176kA 的概率为 1%，200kA 的概率为 0.53%，216kA 的概率为 0.35%，260kA 的概率为 0.11%。雷电流计算值在国内的规程中尚未准确的给出。在报告中，反击侵入波过电压计算中的雷电流值选择 260kA 直流。考虑到雷击点发生在近区的可能性较小，选取 0.35%～0.11%概率出现的雷电流较为准确。

雷电流的波形取 2.6/50μs 的三角波。

雷击点的位置是随机变量。在计算雷电流反击时，往往要考虑最严重的情况，因此选择计算雷击点在杆塔塔顶，无需计算雷击点在档距中央避雷线。主要因为当雷击点在档距中央避雷线上时，若符合规程的要求，避雷线与导线之间就不会闪络，如果绝缘子发生闪络，造成了反击雷电流，结果也不会很严重。

在计算反击雷电流时，选择300Ω的雷电通道波阻抗值。

#### 4.2.2.2 计算模型

输电线路有多种等值电路模型，当要求不同计算精度时，输电线路模型的选择也有所不同。列举如下：有连续换位（Clarke）和不换位线路（KCLee）模型，Bergeron（贝杰龙）、RLPI型、RL耦合型、RL对称型等。有一些线路模型，当输入数据便会生成频率特性，例如J.Marti（马蒂）、Semlyen（塞姆林）和NODA等。具有五线频率特性的架空线模型J.Marti或者Semlyen主要应用在站外的输电线路上，即为三条导线和两条地线的模型。由于地线与导线之间的耦合系数在这两种模型下是可以直接计算生成，因此仿真模拟时（主要为绝缘子串的闪络过程）被雷击的避雷线以及已经闪络的导线，相对于尚未闪络的导线之间的耦合电压，可以看出不但使计算更加准确也使得过程方便快捷。

J.Marti模型的原理是在频变参数线路作求解计算时，使用了模拟滤波技术，可以看出，Bergeron线路模型的基本形式。J.Marti模型的建立方法为，利用相似的有理函数，拟合建立一个阻抗函数（或者不同频率下在线路中特性阻抗的离散值），进而搭建等效的诺顿电路。有一点需要注意，如果使用J.Marti的模型，漏电导G需要一个准确的数值，类似于$0.3 \times 10^{-7}(\Omega \cdot km)$。在Semleyen看来，J.Marti模型有一定缺点，即在一步接一步的离散计算中存在四舍五入的过程，可能积累估算值导致结果不准确。因此Semlyen模型采取了状态变量来求解。通过查阅大量文献的求解结果，得到的与实际情况接近的模型为五线架空线模型，其参数是随频率变化而变化的。本书中采用参数随频率变化的J.Marti架空线模型。直流场输电线路参数如表4.1所示。

表 4.1 直流场输电线路参数

| 项目 | | 直流线路 | 接地极引线 |
|---|---|---|---|
| 架空地线 | 型号 | LBGJ-180-20AC | GJ-80 |
| | 外径 | 17.5mm | 11.4mm |
| | 直流电阻/km | 0.7098Ω | 2.418Ω |
| | 水平距离 | 27m/27.3m | 塔中心 |
| | 地线是否分段接地 | 直接接地 | 直接接地 |

| 项目 | | 直流线路 | 接地极引线 |
|---|---|---|---|
| 导线 | 型号 | 6×LGJ-630/45 | 2×2×ACSR-720/50 |
| | 外径 | 3.36cm | 3.624cm |
| | 直流电阻/km | 0.04633Ω | 0.03984Ω |
| | 分裂间距 | 450mm | 500mm |
| 平均大地电阻率 | | 1000Ω·m | |

如今，我国计算输电线路的雷击过电压时，一般使用两种输电线路的模型：一是简化不计波过程在杆塔上的传播，仿真模拟时直接看作集中电感，因此使得求解在高杆塔以及同杆双回线路遭受雷击时，得到的防雷性能结果常常误差较大，使得整合计算所得过剩的线路建设投资，造成浪费；二是使用波阻抗来仿真模拟较高杆塔，数据选取时结合杆塔结构，看作均匀参数。可以知道雷电波在传播过程中，从塔顶到塔基是有时间消耗掉，因此第一种模型要略差于第二种。

但是杆塔实际结构参数并非均匀，在杆塔的不同高度电感和电容都不尽相同，雷电波在杆塔上传导时经过的是不断变化的波阻抗，因此在杆塔的不同位置，其波阻抗也是不一样的。因而近年来，一些人尝试使用多波阻抗来模拟输电线路的杆塔，建立了一些计算模型。多波阻抗杆塔模型在计算中把铁塔简化成一个多平行导体系统，忽略铁塔支架的影响。实际计算研究显示，若把杆塔模型等效为多平行导体模型是有偏差的，如果是有支架的铁塔，其波阻抗与没有支架的铁塔相比减小了约为 10%，然而目前还没有研究明确支架的存在使得铁塔波阻抗的大小变化，因此在计算中常常将带有支架的部分波阻抗算作主体部分的 9 倍。若计算采用多波阻抗杆塔模型，将杆塔简化为多平行导体系统进行计算后，再估计支架对整塔波阻抗的影响，所得结果并不一定准确。参照我国电力行业标准《DL/T 620－1997 交流电气装置的过电压保护与绝缘配合》，其中给出了准确的关于各类型杆塔的波阻抗的参考值，其中铁塔波阻抗为150Ω，在计算中，取 200Ω。

为了正确地计算波过程，本章模拟了直流进线段 6 基杆塔和导线。其中#1 塔为耐张塔，#2～#6 为直线塔。该换流站直流杆塔结构及杆塔模型如图 4.2 至图 4.5 所示。考虑近区雷击和远区雷击，根据杆塔的具体情况，反击的雷击点选在线路的#1～#6 杆塔塔顶，绕击也选在#1～#6 杆塔的导线上。杆塔按自然尺寸用多段分布参数模拟，塔参数见表 4.2、表 4.3。

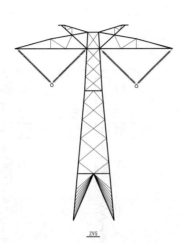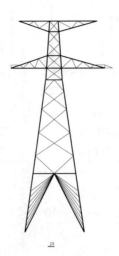

ZV5

J3

图 4.2　直流线路进线段杆塔图

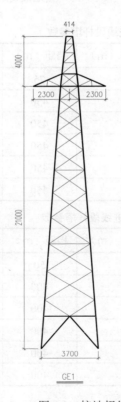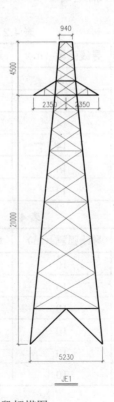

GE1

JE1

图 4.3　接地极线路进线段杆塔图

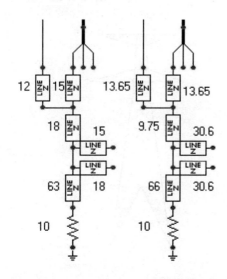

图 4.4    直流线路进线段杆塔模型图          图 4.5    接地极线路进线段杆塔模型图

表 4.2    直流进线段杆塔参数

| 编号 | 塔型 | 导线弧垂（m） | 地线弧垂（m） | 档距（m） | 工频接地电阻（Ω） |
|------|------|---------------|---------------|-----------|---------------------|
| 1 | 耐张塔 | 2 | 1 | 75 | 10 |
| 2 | 直线塔 | 14 | 10 | 450 | 10 |
| 3 | 直线塔 | 14 | 10 | 450 | 10 |
| 4 | 直线塔 | 14 | 10 | 450 | 10 |
| 5 | 直线塔 | 14 | 10 | 450 | 10 |
| 6 | 直线塔 | 14 | 10 | 450 | 10 |

表 4.3    接地极进线段杆塔参数

| 编号 | 塔型 | 导线弧垂（m） | 地线弧垂（m） | 档距（m） | 工频接地电阻（Ω） |
|------|------|---------------|---------------|-----------|---------------------|
| 1 | 耐张塔 | 10 | 8 | 50 | 10 |
| 2 | 直线塔 | 10 | 8 | 400 | 10 |
| 3 | 直线塔 | 10 | 8 | 400 | 10 |
| 4 | 直线塔 | 10 | 8 | 400 | 10 |
| 5 | 直线塔 | 10 | 8 | 400 | 10 |
| 6 | 直线塔 | 10 | 8 | 400 | 10 |

12 脉动换流器是由两个 6 脉动换流器在直流侧串联而成，因此下面介绍 6 脉动换流器模型，如图 4.6 所示。

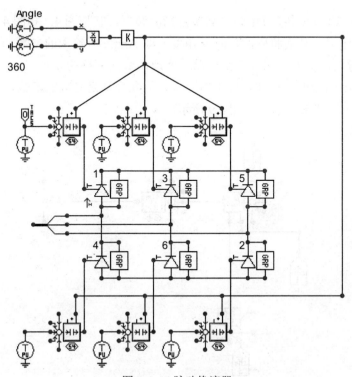

图 4.6　6 脉动换流器

下面对图 4.6 各个部分进行介绍：

（1）三端双向可控硅开关元件 Triac：用来模拟晶闸管。它含有三个接口：阳极 ANO、阴极 CAT 和控制栅极 GRID，分别对应晶闸管的阳极、阴极和栅极，其并联的元件 GRP 为阻容元件和避雷器的并联（如图 4.7 所示），用来对阀片进行过电压保护，阻容元件作为缓冲电路，可以避免换相失败。

（2）内部信号源 PU：用于模拟控制晶闸管开通的触发脉冲，它经过 54 号 DEVICES 装置后连接开关元件 Triac 的 GRID 端口。

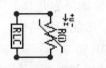

图 4.7　晶闸管保护元件

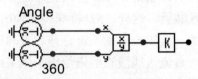

图 4.8　α 角度转化为相应时间装置

（3）图 4.7 所示的元件组合主要是将 α 角度转化为其对应的时间值，若系统频率不同，改变 k 值即可，因为 $k=1/f$。

（4）DEVICES 装置 DEV：54#脉冲延时装置，它与图 4.7 和图 4.8 所示的延时元件一起作用，从而将脉冲延时 $\alpha$ 角度（即 Angle 所输入的参数，也就是触发角）。封装时将此参数引出，从而可以方便地调节整流桥的 $\alpha$ 角。

绝缘子串两端的电压和绝缘子串的伏秒特性分别是时间的函数，可以用一个 FORTRAN 表达式来表示，如图 4.9 所示。

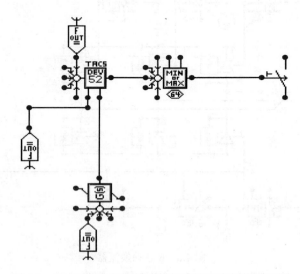

图 4.9　TACS 组合控制模型模拟绝缘子串闪络原理图

52#中的"驱动信号"模拟绝缘子串两端的电压曲线，"有名＋固定阙限值"模拟绝缘子串的伏秒特性曲线，当某一时刻"驱动信号≥有名＋固定阙限值"时，52#特殊装置内部的开关闭合，其输出为一正数，将一个由其输出控制开关状态的 13#TACS 开关闭合。此 TACS 开关相当于绝缘子串，打开状态为绝缘子串正常状态，闭合状态为绝缘子串闪络状态。由于 TACS 开关时闭时合，而绝缘子串闪络后不会恢复正常，所以要采取措施，必须使 TACS 开关一次闭合后就不再打开。可行的方法是在 52#特殊装置的输出端，即在 TACS 开关的控制端前加一个 64#特殊装置。这样，52#特殊装置输出一旦为正数，就始终为此数不变，从而 TACS 开关一次闭合后就不再打开，正确地模拟了绝缘子串的闪络特性。

直流进线段直线塔绝缘子串采用 68 片 U210B/170 V 型绝缘子串，耐张塔采用四串 60 片 U300B/195 绝缘子。由于缺乏该绝缘子串的型号和空气间隙的放电特性，计算中参考了 IEEE 推荐的公式：$V_t = K_1 + \dfrac{K_2}{t^{0.75}}(\text{kV})$。$K_1$、$K_2$ 为系数 710、400 与绝缘子串长度的乘积。

直流滤波器的配置按每极两组三调谐滤波器考虑，其调谐频率均为 12/24/36 次，接线形式和参数见表4.4。

表 4.4　直流滤波器参数

直流极母线

| 调谐 | DT 12/24/36 | DT 12/24/36 |
|---|---|---|
| C1（μF） | 2.0 | 2.0 |
| L1（mH） | 11.773 | 11.773 |
| C2（μF） | 3.415 | 3.415 |
| L2（mH） | 10.266 | 10.266 |
| C3（μF） | 11.773 | 11.773 |
| L3（mH） | 4.77 | 4.77 |
| 调谐频率（Hz） | 600/1200/1800 | 600/1200/1800 |

换流站高压极母线及中性线母线上各设置两台相互串联的 75mH 的平波电抗器。模型图如图 4.10 所示。

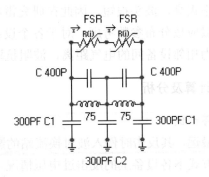

图 4.10　平波电抗器模型图

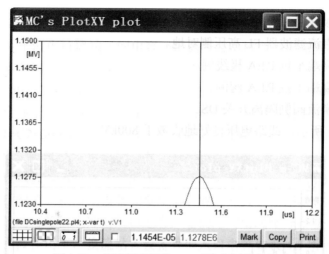

图 4.13　极线隔离开关 DS 对地电压最大值

#### 4.2.3.2　雷击 1#杆塔的过电压水平

雷击 1#杆塔的过电压水平如表 4.6 所示。

**表 4.6　雷击 1#杆塔时换流站各设备上的过电压**

（单极正极大地运行方式杆塔接地电阻为 10Ω）　　　　　　　　单位：kV

| 布置方式 | 极线各设备上过电压 | | | | | |
|---|---|---|---|---|---|---|
| | 极线隔离开关 DS | 直流滤波器 FL 高压侧对地 | 高端平抗 REA 极线侧 | 高端平抗 REA 阀侧 | 换流阀侧隔离开关 DS | 单个 REA 两侧电压最大值 |
| 2 高+2 低 | 1124.4 | 1115.7 | 1124.2 | 1067.6 | 1067.0 | 1010.6 |
| 3 高+1 低 | 1121.6 | 1115.6 | 1118.9 | 1068.7 | 1067.1 | 556.0 |
| 4 高+0 低 | 1123.8 | 1116.0 | 1119.5 | 1223.5 | 1221.6 | 557.2 |
| 0 高+4 低 | 1024.1 | 1027.6 | / | / | 1051.5 | / |
| 1 高+3 低 | 1086.3 | 1081.0 | 1088.8 | 980.4 | 981.5 | 595.0 |

#### 4.2.3.3　雷击 3#杆塔的过电压水平

雷击 3#杆塔的过电压水平如表 4.7 所示。

#### 4.2.3.4　设备绝缘水平

该换流站海拔高度于 1870～1950m 之间，取平均海拔高度为 1910m。根据 DL/T620－1997 行业标准，设备外绝缘放电电压要进行海拔修正，修正系数为 1.26。1000m 的海拔修正系数为 1.13。根据 IEC71-5，该换流站直流场设备的雷电冲击 20%裕度系数考虑了绝缘配合系数和安全裕度及外绝缘的 1000m 气象修正等因素, 适用于由紧靠的避雷器直接保护的设备。因此直流滤波器 (DB 避雷器保护) 的外绝缘修正系数为 1.26/1.13=1.11, 则外绝缘配合系数为 1.11×1.20=1.33。

表 4.7 雷击 3#杆塔时换流站各设备上的过电压

(单极正极大地运行方式杆塔接地电阻为 10Ω) 单位: kV

| 布置方式 | 极线各设备上过电压 | | | | | |
|---|---|---|---|---|---|---|
| | 极线隔离开关 DS | 直流滤波器 FL 高压侧对地 | 高端平抗 REA 极线侧 | 高端平抗 REA 阀侧 | 换流阀侧隔离开关 DS | 单个 REA 两侧电压最大值 |
| 2 高+2 低 | 1127.6 | 1117.6 | 1124.5 | 1067.3 | 1067.4 | 1011.1 |
| 3 高+1 低 | 1123.4 | 1117.4 | 1118.7 | 1068.5 | 1067.6 | 555.6 |
| 4 高+0 低 | 1124.6 | 1116.7 | 1119.6 | 1224.8 | 1221.7 | 558.1 |
| 0 高+4 低 | 1024.5 | 1028.7 | / | / | 1051.2 | / |
| 1 高+3 低 | 1087.1 | 1081.8 | 1089.1 | 980.5 | 981.8 | 595.7 |

对于直流侧非紧靠的避雷器直接保护的设备外绝缘配合系数为 1.26*1.05=1.32。两者相差较小, 统一取为 1.33。

各设备最大过电压和所需绝缘水平见表 4.8。

表 4.8 极线设备最大侵入波过电压和设备所需绝缘水平

| 直流极线设备 | | 极线隔离开关 DS | 直流滤波器 FL 高压侧对地 | 高端平抗 REA 极线侧 | 高端平抗 REA 阀侧 | 换流阀侧隔离开关 DS | 单个 REA 两侧电压最大值 |
|---|---|---|---|---|---|---|---|
| 最大反击过电压 (kV) | | 1127.9 | 1118.7 | 1124.3 | 1223.9 | 1101 | 1012.6 |
| 1.20 | 内 | 1353.5 | 1342.4 | 1349.2 | 1468.7 | 1321.2 | 1215.1 |
| 1.20*1.11=1.33 | 外 | 1500.1 | 1487.9 | 1495.3 | 1627.8 | 1464.3 | 1346.8 |
| 设备所需绝缘水平 (kV) | 内 | 1900 | 1900 | 1900 | 1900 | 1900 | 1500 |
| | 外 | 1900 | 1900 | 1900 | 1900 | 1900 | 1500 |

#### 4.2.3.5 反击结果分析

整体来看, 相同布置方式下反击极线进线段 1#~6#杆塔, 各设备上的过电压基本保持稳定。经过海拔修正系数处理后的内外绝缘水平均在规定内。

反击 1#~6#杆塔中的某级杆塔时, 平波电抗器的不同布置方式对各设备上的过电压水平产生了一定的影响。

2 高+2 低方式、3 高+1 低方式, 极线隔离开关 DS 对地电压、直流滤波器 FL

高压侧对地电压、高端平波电抗 REA 极线侧电压、高端平抗 REA 阀侧电压和换流阀侧隔离开关 DS 对地电压基本相同，但是单个 REA 两侧电压最大值缩减了接近一半，这说明增加一台平波电抗器可以降低单台平波电抗器上的过电压水平。

再与 4 高+0 低方式比较，单个 REA 两侧电压最大值已保持稳定，说明再增加平波电抗器至 4 台已不具有经济性。

值得指出的是，在 1 高+3 低的布置方式下，相对前四种布置方式，不仅 V1-V4 有一定程度的减少，而且单个 REA 两侧电压最大值也接近于 3 高+1 低的布置方式。由于计算中未包含接地极线反击过电压部分，因此，不能指出此布置方式的优劣。

## 4.3　平抗电场仿真与分析

### 4.3.1　计算原理

本章采用有限元方法计算平波电抗器周围的电场和电位分布。1943 年 R. Courant 在工作时，计算 Venant 扭转问题时想到利用在三角形区域上的分片连续函数和最小位能原理来解答，开创了有限元法（Finite Element Method，简称 FEM）。1965 年 A. Winslow 在求解加速器磁铁时，第一次在电气工程中用到有限元法的思想。1969 年 P. P. Silvester 在计算失谐电磁场时，也使用了有限元法，并且推广了其在电磁计算领域的应用，有开拓性的意义。到目前为止，这种方法已经在电气工程中得到了大量广泛的使用，在求解各种定量分析或者优化设计电场问题中有大量的推广和发展。

有限元法的计算原理：每个偏微分方程表征的连续函数都有其所在的封闭场，可以将其分为有限个小区域，这时利用相近的函数来重新描述每一个小区域，从而离散以前连续函数所代表的整个场域，由联立计算求解每一个小区域代表的函数组成代数方程，可以得到原封闭场代表的函数的近似数值。有限元法的使用条件：封闭场域内函数有比较大的剧烈变化，有比较多的介质种类，以及较为复杂的交界形状，此时可以无需调整，自动满足交界条件，重新划分的每个小区域有近似的线性函数，因此可以求解计算具有复杂结构的电磁场。有限元法有一些缺点，例如较差的自适应剖分，不好处理开域问题，但是计算机技术的使用发展一一弥补，使得在目前电磁场的数值计算中广泛采用有限元法。随着电磁计算的前沿发展，有限元法仍然有很大的发展空间，在与其他理论结合使用时还有较大发展空间，比如建模求解三维场，耦合问题，高磁性材料以及非线性介质的处理，逆问题、人工智能在电磁装置优化设计中的应用，边界有限元法，自适应网格剖分加密技术等。

在计算求解电磁场边界值问题时，有两种近似解法：变分法和加权余量法。它们都是把近似解表示成函数的线性组合，然后按照某种原则建立一种误差指标，通过使这种误差指标最小，确定由线性组合而引入的待定系数，从而求出近似解。在这两种方法中，各自有一个常用于有限元计算的方法，即加权余量法中的迦辽金方法和变分法中的里海－里兹方法。尽管这两种方法的出发点各不相同，对于某些常见的电磁场微分方程来说，用这两种方程得到的矩阵方程却具有相同的形式，这样一来，便使得求解的待定系数相同，也就是说通过变分原理限元方法得到的近似解是相同的。

在静电场中电场强度矢量 $\mathbf{E}$ 和电位移矢量 $\mathbf{D}$ 满足 $\mathbf{E}$ 的环路定理与高斯定理。令 $\rho$ 为自由体电荷密度，方程（4-3）和方程（4-4）即是麦克斯韦方程组中用于静电场分析的微分方程。

$$\nabla \times \mathbf{E} = 0 \tag{4-3}$$
$$\nabla \cdot \mathbf{D} = \rho \tag{4-4}$$

将 $\mathbf{E} = -\nabla \varphi$ 代入式（4-4），并考虑到 $\mathbf{D} = \varepsilon \mathbf{E}$，可得：

$$\nabla \cdot (-\varepsilon \nabla \varphi) = \rho \tag{4-5}$$

式中 $\varepsilon$ 是介电常数。利用恒等式 $\nabla \cdot (\varepsilon \nabla \varphi) = \varepsilon \nabla \cdot (\nabla \varphi) + \nabla \varphi \cdot \nabla \varepsilon$，可把式（4-5）表示为：

$$\varepsilon \nabla^2 \varphi + \nabla \varphi \cdot \nabla \varepsilon = -\rho \tag{4-6}$$

这是一个关于电位函数 $\varphi$ 和体电荷密度 $\rho$ 的二阶偏微分方程。介质均匀的区域，介电常数 $\varepsilon$ 为常数，$\nabla \varepsilon = 0$，则方程（4-4）可简化为：

$$\nabla^2 \varphi = -\rho / \varepsilon \tag{4-7}$$

上式在直角坐标系中的表达式即为

$$\frac{\partial^2 \varphi}{\partial^2 x} + \frac{\partial^2 \varphi}{\partial^2 y} + \frac{\partial^2 \varphi}{\partial^2 z} = -\frac{\rho}{\varepsilon} \tag{4-8}$$

在 $\rho = 0$ 的区域内，则有

$$\frac{\partial^2 \varphi}{\partial^2 x} + \frac{\partial^2 \varphi}{\partial^2 y} + \frac{\partial^2 \varphi}{\partial^2 z} = 0 \tag{4-9}$$

式（4-8）称为静电场的泊松方程，式（4-9）称为静电场的拉普拉斯方程。拉普拉斯方程是泊松方程的特例。

由静电场最小作用原理，处于介质中的一个固定带电系统，其表面的电荷分布使得合成的电场具有最小静电能量。本节以二维情形为例，三维电场有限元求解过程和二维类似。

第一类边值问题，能量积分的表达式为：

$$W_e = \iint_D \left\{ \frac{\varepsilon}{2} \left[ \left( \frac{\partial \varphi}{\partial x} \right)^2 + \left( \frac{\partial \varphi}{\partial y} \right)^2 \right] - \rho\varphi \right\} \mathrm{d}x\mathrm{d}y\mathrm{d}z = \min \qquad (4\text{-}10)$$

因此，静电场问题和下列泛函极值问题等价：

$$\begin{cases} J(\varphi) = \iint_D \left\{ \frac{\varepsilon}{2} \left[ \left( \frac{\partial \varphi}{\partial x} \right)^2 + \left( \frac{\partial \varphi}{\partial y} \right)^2 \right] - \rho\varphi \right\} \mathrm{d}x\mathrm{d}y = \min \\ \varphi_{Li} = u_i \quad (i = 1, 2, \cdots, n) \end{cases} \qquad (4\text{-}11)$$

同理，第二类和第三类边值问题的等价泛函极值问题为：

$$J(\varphi) = \iint_D \left\{ \frac{\varepsilon}{2} \left[ \left( \frac{\partial \varphi}{\partial x} \right)^2 + \left( \frac{\partial \varphi}{\partial y} \right)^2 \right] - \rho\varphi \right\} \mathrm{d}x\mathrm{d}y - \int_L \varepsilon \left( \frac{1}{2} f_1\varphi^2 - f_2\varphi \right) \mathrm{d}l = \min \qquad (4\text{-}12)$$

第二类和第三类边界条件问题在变分中被包含在泛函达到极值的要求之中。不同介质分界面上的边界条件也包含在泛函达到极值的要求之中，且自动满足。因此称这些条件为自然边界条件。对于第一类边界条件在变分问题中需要作为定解条件给出。称这类边界条件为强加边界条件。

泛函 $J(\varphi)$ 二次地依赖于函数 $\varphi$ 及其偏导数，故称 $J(\varphi)$ 为函数 $\varphi$ 地二次泛函，相应的变分问题称为二次泛函极值问题。

模型建立剖分后，二次泛函可表达为所有单元能量函数之和：

$$J(\varphi) = \sum_{e=1}^{n} J_e(\varphi) \qquad (4\text{-}13)$$

其中，一个单元的能量积分为：

$$J_e(\varphi) \approx J_e(\varphi^e) = \iint_D \frac{\varepsilon}{2} \left[ \left( \frac{\partial \varphi^e}{\partial x} \right)^2 + \left( \frac{\partial \varphi^e}{\partial y} \right)^2 \right] \mathrm{d}x\mathrm{d}y = \min \qquad (4\text{-}14)$$

又：

$$\varphi^e = \sum_{i=1}^{q} N_i^e \varphi_i^e \qquad (4\text{-}15)$$

因此：

$$\frac{\partial \varphi^e}{\partial x} = \sum_{i=1}^{q} \frac{\partial N_i^e}{\partial x} \varphi_i^e \qquad (4\text{-}16)$$

即：

$$\iint_D \frac{\varepsilon}{2} \left( \frac{\partial \varphi^e}{\partial x} \right)^2 \mathrm{d}x\mathrm{d}y = \iint_D \frac{\varepsilon}{2} \left( \sum_{i=1}^q \frac{\partial N_i^e}{\partial x} \varphi_i^e \right)^2 \mathrm{d}x\mathrm{d}y \qquad (4\text{-}17)$$

若 $\dfrac{\partial N_i^e}{\partial x}$ 与 $x$ 无关，则：

$$\iint_D \frac{\varepsilon}{2} \left( \frac{\partial \varphi^e}{\partial x} \right)^2 \mathrm{d}x\mathrm{d}y = \boldsymbol{\varphi}^{eT} \boldsymbol{K}_x^e \boldsymbol{\varphi}^e \qquad (4\text{-}18)$$

其中：

$$\boldsymbol{\varphi}^e = \begin{bmatrix} \boldsymbol{\varphi}_1^e \\ \vdots \\ \boldsymbol{\varphi}_q^e \end{bmatrix} \qquad (4\text{-}19)$$

$$\mathbf{K}_x = \frac{\varepsilon S^e}{2} \begin{bmatrix} \dfrac{\partial N_1}{\partial x}\dfrac{\partial N_1}{\partial x} & \dfrac{\partial N_1}{\partial x}\dfrac{\partial N_2}{\partial x} & \cdots & \dfrac{\partial N_1}{\partial x}\dfrac{\partial N_q}{\partial x} \\[2mm] \dfrac{\partial N_2}{\partial x}\dfrac{\partial N_1}{\partial x} & \dfrac{\partial N_2}{\partial x}\dfrac{\partial N_2}{\partial x} & \cdots & \dfrac{\partial N_2}{\partial x}\dfrac{\partial N_q}{\partial x} \\[2mm] \vdots & \vdots & \ddots & \vdots \\[2mm] \dfrac{\partial N_q}{\partial x}\dfrac{\partial N_1}{\partial x} & \dfrac{\partial N_q}{\partial x}\dfrac{\partial N_2}{\partial x} & \cdots & \dfrac{\partial N_q}{\partial x}\dfrac{\partial N_q}{\partial x} \end{bmatrix} \qquad (4\text{-}20)$$

$S^e$ 为剖分区域围成的面积。

同理若 $\dfrac{\partial N_i^e}{\partial y}$ 与 $y$ 无关，则：

$$\left( \frac{\partial \varphi^e}{\partial y} \right)^2 = \left( \sum_{i=1}^q \frac{\partial N_i^e}{\partial y} \varphi_i^e \right)^2 = \varphi^{eT} \mathbf{K}_y^e \varphi^e \qquad (4\text{-}21)$$

$$\mathbf{K}_y = \frac{\varepsilon S^e}{2} \begin{bmatrix} \dfrac{\partial N_1}{\partial y}\dfrac{\partial N_1}{\partial y} & \dfrac{\partial N_1}{\partial y}\dfrac{\partial N_2}{\partial y} & \cdots & \dfrac{\partial N_1}{\partial y}\dfrac{\partial N_q}{\partial y} \\[2mm] \dfrac{\partial N_2}{\partial y}\dfrac{\partial N_1}{\partial y} & \dfrac{\partial N_2}{\partial y}\dfrac{\partial N_2}{\partial y} & \cdots & \dfrac{\partial N_2}{\partial y}\dfrac{\partial N_q}{\partial y} \\[2mm] \vdots & \vdots & \ddots & \vdots \\[2mm] \dfrac{\partial N_q}{\partial y}\dfrac{\partial N_1}{\partial y} & \dfrac{\partial N_q}{\partial y}\dfrac{\partial N_2}{\partial y} & \cdots & \dfrac{\partial N_q}{\partial y}\dfrac{\partial N_q}{\partial y} \end{bmatrix} \qquad (4\text{-}22)$$

因此

$$J^e(\boldsymbol{\varphi}^e) = \boldsymbol{\varphi}^{eT}(\boldsymbol{K}_x^e + \boldsymbol{K}_y^e)\boldsymbol{\varphi}^e \qquad (4\text{-}23)$$

将所有子区域的方程（4-23）联立合并，则方程（4-13）可写为：

$$J(\boldsymbol{\varphi}) = \boldsymbol{\varphi}^T \boldsymbol{K} \boldsymbol{\varphi} \qquad (4\text{-}24)$$

其中 $\varphi$ 和 $\boldsymbol{K}$ 是全部方程组联立后的变量和系数矩阵。于是泛函问题被离散化为多元二次函数极值问题：

$$\boldsymbol{\varphi}^T \boldsymbol{K} \boldsymbol{\varphi} = \min \qquad (4\text{-}25)$$

由函数极值理论，有：

$$\frac{\partial J}{\partial \varphi_i} = 0 \qquad (4\text{-}26)$$

上式即：

$$\boldsymbol{K}\boldsymbol{\varphi} = 0 \qquad (4\text{-}27)$$

式（4-27）即有限元方程。

解方程（4-27）得到各节点的 $\varphi_i$ 值即可得到所需的近似解。

求解各节点的 $\varphi_i$ 值即可得电场强度矢量 $\mathbf{E}$。

### 4.3.2 平抗的电场和电位分布

#### 4.3.2.1 换流站平抗建模

某换流站 ±800kV 斜撑式平波电抗器的现场仿真模型如图 4.14 所示。该模型依据平波电抗器的实际尺寸按照 1:1 的比例建较为精细的计算模型。两个平波电抗器的中心相距为 15m，主母线的直径为 300mm，与电抗器相连的主母线一端均有两个均压环，均压环的管径为 300mm，环径为 1200mm。避雷器的高压端有六个均压环，管径为 180mm。

#### 4.3.2.2 加载及边界条件

在与平波电抗器相连接的主母线上施加 800kV 的高电位，主母线两端的均压环及避雷器上端的均压环施加 800kV 的高电位，电抗器斜撑式支柱绝缘子及雨帽上的均压环均各自耦合成等电位体，金属底座上施加零电位，大空气的外表面施加零电位。

本次电场计算的类型属于静电场计算，未考虑放电产生的离子流场的影响。

#### 4.3.2.3 计算结果及分析

斜撑式平波电抗器及周围设备上的电位如图 4.15 所示，沿着中心轴纵切面上的电位和电场分布如图 4.16、图 4.17 所示。由图 4.15 可以看出，电抗器本体、主母线、避雷器及相应的均压环上的电位均为 800kV，说明加载电压正确，支柱绝缘子上的电位由上到下逐渐减小。由图 4.16 可以看出，纵切面上绝大区域的电场值小于 600kV/m，主母线、均压环附近 1m 左右的区域内及电抗器下面支撑圆盘的边缘电场值较大，大于 400kV/m，其中小部分区域电场值大于 600kV/m。主母线和均压环上都带有 800kV 的高电位，故其附近电场值较大，电抗器本体下端由于结构有凸起部分，故局部会出现较大的电场值。通过计算获得的纵切面上的电场分布可以很直观的看出电场较大的区域，为平波电抗器的结构设计和改进提供了重要的依据。

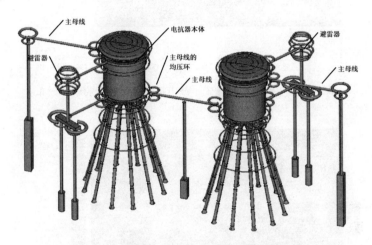

图 4.14  ±800kV 平波电抗器现场仿真模型图

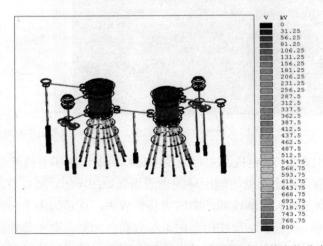

图 4.15  ±800kV 斜撑式平波电抗器及周围设备上的电位分布

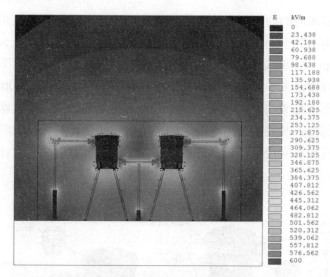

图 4.16  ±800kV 斜撑式平波电抗器纵切面上的电场分布

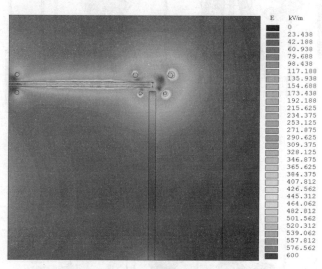

图 4.17  ±800kV 斜撑式平波电抗器纵切面上右边主母线附近的电场分布

±800kV 斜撑式平波电抗器主母线及主母线两端均压环上的场强如图 4.19 至图 4.21 所示。避雷器上端处的均压环的表面场强如图所示。可以看出，主母线表面的电场分布均是两头电场较低，中间电场值较大，这是因为主母线两端分别安装了两个均压环，改善了主母线两端的电场分布。如果没有安装均压环，则主母线表面最大场强将出现在两端，并且电场值会很大，减均压环可以很有效地改善端部的电场分布，减小最大电场值。中间主母线表面最大场强约为 867kV/m，左边主母线表面最大场强约为 1085kV/m，与避雷器相连接的主母线表面最大场强值约为 553kV/m，三处主母线表面的最大场强均小于起晕场强 2200kV/m，故在正常情况下主母线表面不会发生电晕放电的现象。由图 4.22 至图 4.24 可以看出，中间主母线左端附近的均压环表面最大场强值约为 832kV/m，中间主母线右端附近的均压环表面最大场强值约为 872kV/m，避雷器上端处六个均压环表面上最大场强约为 1250kV/m，三处均压环上的电场值同样小于 2200kV/m，故正常情况下均压环表面不会发生电晕放电。

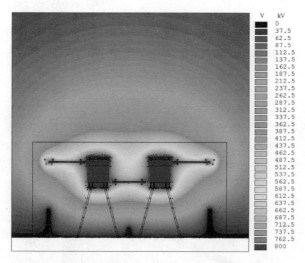

图 4.18　±800kV 斜撑式平波电抗器纵切面上的电位分布

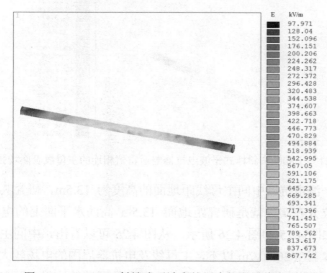

图 4.19　±800kV 斜撑式平波电抗器中间主母线表面场强

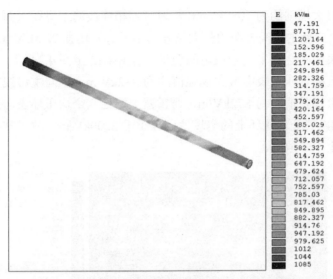

图 4.20　±800kV 斜撑式平波电抗器左边主母线表面场强

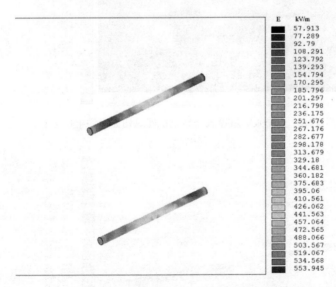

图 4.21　±800kV 斜撑式平波电抗器与避雷器相连的主母线表面场强

　　±800kV 平波电抗器中间主母线距地面的高度为 13.5m，研究其所在水平面上的电场和电位分布实则就是研究距地面 13.5m 高的水平面上的电场和电位分布，其分布图如图 4.25 和图 4.26 所示。从图 4.25 可以看出，中间主母线所在水平面上电场基本上在 200kV/m 以下，主母线及电抗器周围的电场较大，表面附近的场强大于 200kV/m，距离平波电抗器 5m 左右的区域的场强大概在 50kV/m 到

150kV/m。另外左边平波电抗器 I 和右边平波电抗器 II 的下面附近的电场相对于平波电抗器其他位置的电场要高一些。

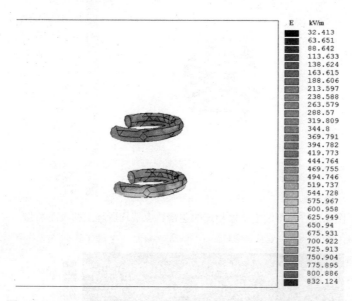

图 4.22　±800kV 斜撑式平波电抗器中间主母线左端均压环表面场强

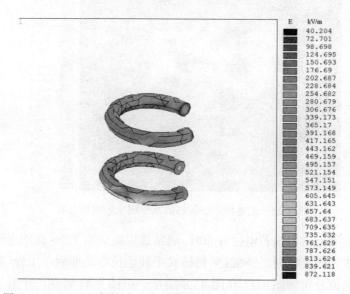

图 4.23　±800kV 斜撑式平波电抗器中间主母线右端均压环表面场强

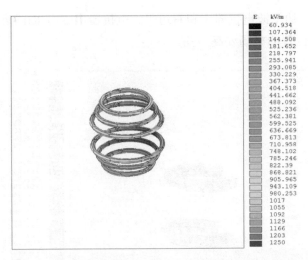

图 4.24　与平波电抗器相连的避雷器上端均压环上的表面场强

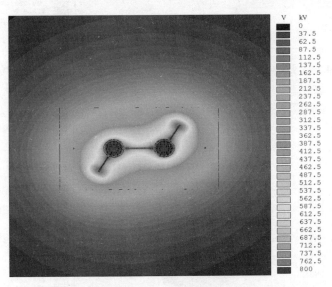

图 4.25　距地面 13.5m 高的水平面上的电位分布

　　研究地面附近的电场和电位分布时,通常选取距地面 1.5m 高的水平面上电场和电位分布作为研究对象。±800kV 斜撑式平波电抗器地面附近 1.5m 高的水平面上的电场和电位分布如图 4.27 和图 4.28 所示。由图 4.27 可知,平波电抗器在地面附近即距地面 1.5 米高的水平面上的电场值基本小于 41.25kV/m,斜撑式绝缘子外表面附近在图中为白灰色,这是因为此处的场强大于 41.25kV/m。距平波电抗器 10m 左右的区域场强值大概在 15kV/m 到 35kV/m 之间,只有在离平波电抗一两米较近的位置电场值较大，大约在 35kV/m 到 41.25kV/m 之间。

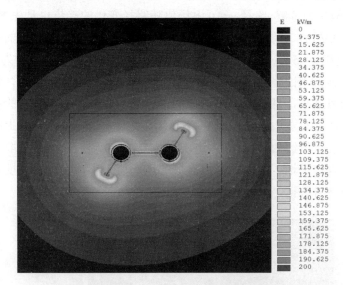

图 4.26　距地面 13.5m 高的水平面上的电场分布

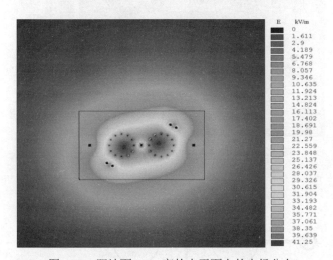

图 4.27　距地面 1.5m 高的水平面上的电场分布

　　为了获取地面附近电场的数值，在 1.5m 高的水平面上选择了四条路径，读取出路径上的电场值。坐标原点及路径示意图如图 4.29 所示。路径 y=0，y=10，y=20，y=30 分别是在平行于 x 轴方向上 y 坐标分别为 0，10，20，30，x 坐标从-30 到 30，每隔 0.25m 取一个点，路径 x=0 是在 y 轴上从 y=0 到 y=30，每隔 0.25m 取一个点。将取出来路径上的电场值拟合后绘制成曲线图，如图 4.30 至图 4.34 所示。

路径 y=0 电场值总体趋势是先增大后减小，最大值约为 42kV/m，出现在平波电抗器 I 和 II 中间偏左的位置。路径 y=10 电场值随路径变化的趋势也是先增大后减小，最大值约为 28kV/m，出现在 x=-5，y=10 附近。路径 y=20 上电场值的最大值约为 15kV/m，出现在 x=-5，y=20 附近。路径 y=30 上电场值的最大值约为 6.5kV/m，出现在 x=-8，y=30 附近。比较四条路径 y=0，10，20，30 可以发现，距离平波电抗器越远电场值越小，且路径上电场值的最大值均出现在中间偏左的位置，这是因为左边的避雷器对左边电场的影响相比右边要大一些。路径 x=0 上的电场值是逐渐减小的，最大值约为 54kV/m，出现在 x=0，y=0 附近。通过读取具体路径上的电场值，可以定量地了解地面附近区域的电场值大小，为电磁环境的评估提供了一个重要的参考数据，具有重要的工程使用价值。

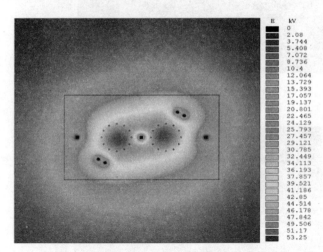

图 4.28　距地面 1.5m 高的水平面上的电位分布

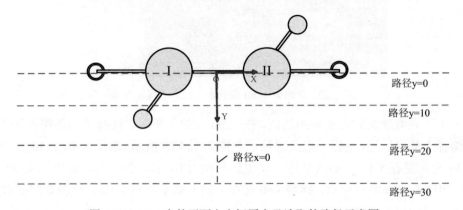

图 4.29　1.5m 高的平面上坐标原点及选取的路径示意图

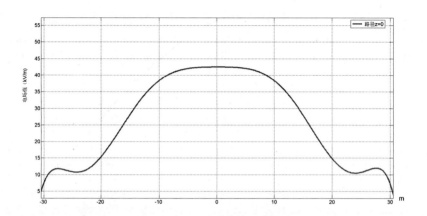

图 4.30　距地面 1.5m 高水平面上路径 y=0 上的电场值

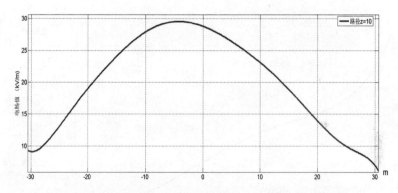

图 4.31　距地面 1.5m 高水平面上路径 y=10 上的电场值

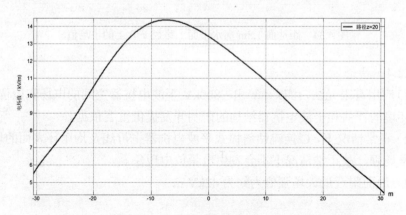

图 4.32　距地面 1.5m 高水平面上路径 y=20 上的电场值

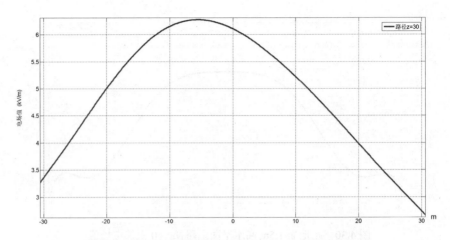

图 4.33　距地面 1.5m 高水平面上路径 y=30 上的电场值

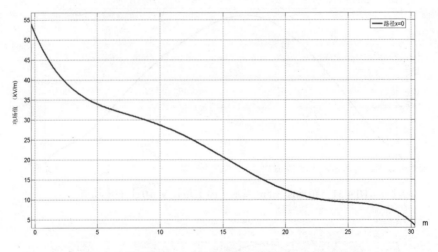

图 4.34　距地面 1.5m 高水平面上路径 x=0 上的电场值

#### 4.3.2.4　结论

（1）应用有限元法，可以计算出 ±800kV 平波电抗器空间的电场和电位分布，为电磁环境的评估和平波电抗器结构的研制开发提供重要依据。

（2）正常情况下，C 换流站斜撑式平波电抗器主母线及均压环表面的场强均小于起晕场强，故正常情况下不会发生电晕放电现象。

（3）地面附近最大场强值为约为 42kV/m。

# 4.4 平抗磁场仿真与分析

## 4.4.1 平抗本体磁场仿真

### 4.4.1.1 电抗器磁场计算原理

本节研究重点是对 $\pm 800\text{kV}$ 干式平波电抗器进行磁场仿真。换流站内 $\pm 800\text{kV}$ 干式平波电抗器中包封电流既有直流分量，又有各次谐波分量，直流分量占主要成分，偶次谐波电流占小部分，奇次谐波电流极少量。通过计算干式平波电抗器包封电流分布，利用有限元法分步计算直流电流和谐波电流情况下的磁场分布，再通过矢量模值叠加原理，求得磁感应强度的分布规律，即可得到干式平波电抗器在计算区域的磁场分布。

流过电抗器的电流为非正弦周期电流 $I(t)$，非正弦周期电流 $I(t)$ 产生的磁感应强度矢量 $B(t)$ 为三维非正弦矢量。

非正弦周期电流 $I(t)$ 用级数形式表示为：

$$I(t) = I_0 + \sum_{k=1}^{n} I_k \cos(k\omega t + \phi_k) \tag{4-28}$$

式中：$k$ 为谐波次数；$\phi_k$ 为 $k$ 谐波电流的相位角。

非正弦周期电流 $I(t)$ 的 $k$ 次谐波分量 $I_k \cos(k\omega t + \phi_k)$ 产生的 $k$ 次谐波磁感应强度矢量设为 $B_k(t)$，$B_k(t)$ 为三维正弦稳态场矢量，直角坐标系 $OXYZ$ 中，$X$、$Y$、$Z$ 三个方向的分量为 $B_X(t)$、$B_Y(t)$、$B_Z(t)$ 均随时间作正弦变化，三个分量的瞬时表达式为：

$$\begin{cases} B_X(t) = B_X \cos(k\omega t + \varphi_X) \\ B_Y(t) = B_Y \cos(k\omega t + \varphi_Y) \\ B_Z(t) = B_Z \cos(k\omega t + \varphi_Z) \end{cases} \tag{4-29}$$

则 $B_k(t)$ 的 $X$、$Y$、$Z$ 三个分量的实部表达式为：

$$\begin{cases} B_{XR} = B_X \cos\varphi_X \\ B_{YR} = B_Y \cos\varphi_Y \\ B_{ZR} = B_Z \cos\varphi_Z \end{cases} \tag{4-30}$$

$B_k(t)$ 的 $X$、$Y$、$Z$ 三个分量的虚部表达式为：

$$\begin{cases} B_{XI} = B_X \sin\varphi_X \\ B_{YI} = B_Y \sin\varphi_Y \\ B_{ZI} = B_Z \sin\varphi_Z \end{cases} \tag{4-31}$$

$B_k(t)$ 的瞬时值表达式为：

$$\begin{cases} B_X(t) = B_{XR}\cos k\omega t - B_{XI}\sin k\omega t \\ B_Y(t) = B_{YR}\cos k\omega t - B_{YI}\sin k\omega t \\ B_Z(t) = B_{ZR}\cos k\omega t - B_{ZI}\sin k\omega t \end{cases} \tag{4-32}$$

而

$$\begin{aligned} B_X^2(t) &= \left( B_{XR}\cos k\omega t - B_{XI}\sin k\omega t \right)^2 \\ &= \frac{1}{2}\left( B_{XR}^2 + B_{XI}^2 \right) - \frac{1}{2}\left[ \left( B_{XI}^2 - B_{XR}^2 \right)\cos 2k\omega t + 2B_{XR}B_{XI}\sin 2k\omega t \right] \end{aligned} \tag{4-33}$$

同理可得：

$$\begin{aligned} B_Y^2(t) &= \left( B_{YR}\cos k\omega t - B_{YI}\sin k\omega t \right)^2 \\ &= \frac{1}{2}\left( B_{YR}^2 + B_{YI}^2 \right) - \frac{1}{2}\left[ \left( B_{YI}^2 - B_{YR}^2 \right)\cos 2k\omega t + 2B_{YR}B_{YI}\sin 2k\omega t \right] \end{aligned} \tag{4-34}$$

$$\begin{aligned} B_Z^2(t) &= \left( B_{ZR}\cos k\omega t - B_{ZI}\sin k\omega t \right)^2 \\ &= \frac{1}{2}\left( B_{ZR}^2 + B_{ZI}^2 \right) - \frac{1}{2}\left[ \left( B_{ZI}^2 - B_{ZR}^2 \right)\cos 2k\omega t + 2B_{ZR}B_{ZI}\sin 2k\omega t \right] \end{aligned} \tag{4-35}$$

则 $k$ 次谐波磁感应强度矢量 $B_k(t)$ 模的瞬时值表达式为：

$$\begin{aligned} B_k(t) &= \sqrt{B_X^2(t) + B_Y^2(t) + B_Z^2(t)} \\ &= \sqrt{\left[ A - D\sin(2k\omega t + \theta_k) \right]/2} \end{aligned} \tag{4-36}$$

式中：

$$A = \left( B_{XR}^2 + B_{YR}^2 + B_{ZR}^2 + B_{XI}^2 + B_{YI}^2 + B_{ZI}^2 \right) \tag{4-37}$$

$$D = \sqrt{\left( B_{XR}^2 + B_{YR}^2 + B_{ZR}^2 - B_{XI}^2 - B_{YI}^2 - B_{ZI}^2 \right)^2 + 4\left( B_{XR}B_{XI} + B_{YR}B_{YI} + B_{ZR}B_{ZI} \right)^2} \tag{4-38}$$

$$\theta_k = \arccos\left[ 2\left( B_{XR}B_{XI} + B_{YR}B_{YI} + B_{ZR}B_{ZI} \right)/D \right] \tag{4-39}$$

由式可知，在所考虑的周期内，式（4-36）中的矢量 $B_k(t)$ 瞬时值存在最大模值 $|B_k|_{\max}$。

当

$$2k\omega t + \theta_k = \frac{3}{2}\pi \qquad (4\text{-}40)$$

则可得

$$\left| B_k \right|_{\max} = \sqrt{(A+D)/2} \qquad (4\text{-}41)$$

由式（4-41）可计算各次谐波下的最大模值$\left| B_k \right|_{\max}$。$k$ 次谐波的磁感应强度矢量 $B_k(t)$ 在三维空间呈椭圆球运行，在重点关心区域，我们需要知道磁感应强度矢量 $B(t)$ 出现的最大模值，最大模值是否超过相关标准限值，而不关心计算区域内节点在时域上的变化情况。按式（4-41）对各次谐波矢量最大模值进行叠加，令直流分量 $I_0$ 产生的恒定磁场为 $B_0$，计算区域内节点出现的合成磁感应强度最大模值为：

$$\left| B_{sum} \right|_{\max} = \sqrt{B_0^2 + \sum_{k=1}^{n} \left| B_k \right|_{\max}^2} \qquad (4\text{-}42)$$

### 4.4.1.2　电抗器结构分析

换流站低压端电抗器在正常情况下，流过的电流很小，而与阀厅相连的高压端干式平波电抗器的电流正常运行时高达上千安，因此，换流站内高压端干式平波电抗器是本章研究的重点。图 4.35 是换流站极 II 高压端 ±800kV 干式平波电抗器现场布置情况。

图 4.35　极 II 高压端 ±800kV 干式平波电抗器

　　干式平波电抗器主体由若干个同轴圆筒型包封组成，各个包封由层数不一的并联线圈绕制组成，而各个并联线圈由不同股数和不同直径的铝导线或者铜导线绕制而成。并联线圈间、股导线匝间均包有玻璃丝或者聚酯薄膜材料制成的匝绝缘，可有效降低并联线圈的涡流损耗。干式平波电抗器包封采用浸有环氧树脂的长玻璃丝作为包封绝缘。在包封间沿径向均匀布置撑条形成包封间的绝缘和散热气道。撑条由不饱和聚酯挤压成型。在上下铝制星型架的接线臂上焊接有包封首末端出线，它的作用是电气连接的功效，以及压紧包封，使得电抗器提高了机械强度，而且保证了整体的稳定性。干式平波电抗器绕组完毕后，在固化炉内完成高温固化，电抗器主体形成一个牢固坚实的整体。对包封表面进行磨砂喷涂处理，在包封表面喷涂特制的绝缘漆以减缓紫外老化作用。完成电抗器主体后，再依次组装其他配件，如支撑架、防雨罩、消声罩等，最后组装完成的干式平波电抗器整体。

　　图4.36给出了干式平波电抗器的包封结构示意图。图4.37是极Ⅱ高压端±800kV干式平波电抗器的包封结构。

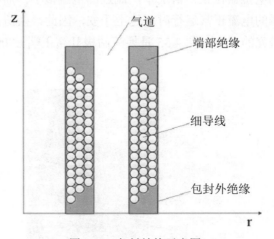

图 4.36　包封结构示意图

### 4.4.1.3　磁场计算模型

　　±800kV 干式平波电抗器主体为包封，结构实质是同轴多股导线，±800kV 干式平波电抗器本体磁场仿真中，电流加载在导线截面上，对于该电抗器的其他部件如斜式支撑绝缘、均压环、消声罩等，在正常运行中，均无电流流过，因此电抗器磁场分布与绕组线圈相关。在磁场仿真中，±800kV 干式平波电抗器本体磁场仿真模型主要考虑包封以及包封上下的铝制星型支架，根据北京电力设备总厂提供的相关参数，建立内外径各不同的同轴包封，采用等面积电流密度法对包封截面进行电流加载，取 7 倍外边界，边界条件设置为磁力线平行于外边界。建立的仿真模型如图 4.38 所示。本体磁场仿真模型主要包括星型支架、包封、包封绝缘端环。仿真模型的俯视图如图 4.39 所示。

图 4.37　电抗器包封现场图

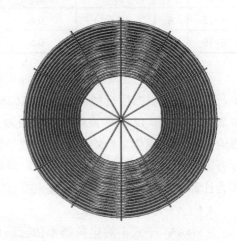

图 4.38　电抗器仿真模型　　　　图 4.39　电抗器仿真模型俯视图

　　根据《Q/CSG 11603－2007±800kV 直流输电用干式平波电抗器》中云广直流输电工程平波电抗器谐波参数可知，2 次、4 次、12 次谐波电流较大，均大于 5A，6 次、1 次、24 次和 8 次谐波电流次之，分别为 6.4A、2.6A、2.5A 和 1.7A，其他次谐波电流均小于 1A。具体数值如表 4.9 所示。

表 4.9　云广直流输电工程平波电抗器的谐波电流参数

| 谐波次数 | 单位 | 高压平波电抗器 | 低压平波电抗器 | 谐波次数 | 单位 | 高压平波电抗器 | 低压平波电抗器 |
|---|---|---|---|---|---|---|---|
| n=1 | A | 2.6 | 2.6 | n=17 | A | 0.1 | 0.1 |
| n=2 | A | 42.5 | 42.5 | n=18 | A | 0.7 | 0.7 |
| n=3 | A | 1.33 | 1.33 | n=19 | A | 0.1 | 0.1 |
| n=4 | A | 57.3 | 57.3 | n=20 | A | 0.3 | 0.3 |
| n=5 | A | 0.3 | 0.3 | n=21 | A | 0.4 | 0.4 |
| n=6 | A | 6.4 | 6.4 | n=22 | A | 0.05 | 0.05 |
| n=7 | A | 0.05 | 0.05 | n=23 | A | 0.03 | 0.03 |
| n=8 | A | 1.7 | 1.7 | n=24 | A | 2.5 | 2.5 |
| n=9 | A | 0.1 | 0.1 | n=16 | A | 0.5 | 0.5 |
| n=10 | A | 0.5 | 0.5 | n=25 | A | 0.01 | 0.01 |
| n=11 | A | 0.1 | 0.1 | n=26 | A | 0.1 | 0.1 |
| n=12 | A | 19.1 | 19.1 | n=27 | A | 0.3 | 0.3 |
| n=13 | A | 0.1 | 0.1 | n=28 | A | 0.2 | 0.2 |
| n=14 | A | 0.9 | 0.9 | n=29 | A | 0.02 | 0.02 |
| n=15 | A | 0.6 | 0.6 | n=30 | A | 0.9 | 0.9 |
| n=16 | A | 0.5 | 0.5 | n=31 | A | 0.02 | 0.02 |

正常运行时，±800kV 干式平波电抗器运行电流高达上千安，本体磁场仿真中，直流电流根据运行经验取值为 1628A，谐波电流对电抗器磁场的影响主要考察 2 次、4 次和 12 次谐波电流，分别为 42.5A、57.3A 和 19.1A。直流以及谐波电流的磁场仿真模型参数均相同，加载条件和加载方式不同，采用磁矢量位方法进行有限元计算。在谐波磁场计算中，场域计算中节点磁感应强度矢量的最大模值作为计算节点观察分析对象，最大模值按式（4-41）进行计算。

#### 4.4.1.4　磁场计算结果

±800kV 干式平波电抗器本体磁场仿真，包封加载直流电流时，包封电流与包封直流电阻相关，考虑到生产制造厂家的商业机密，仿真中不给出包封具体相关参数。加载直流电流时，各包封加载等效电流密度的矢量图如图 4.40 示，电抗器本体仿真计算的磁感应强度云图如图 4.41 示。

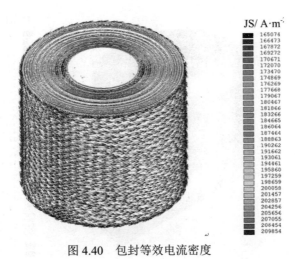

图 4.40　包封等效电流密度

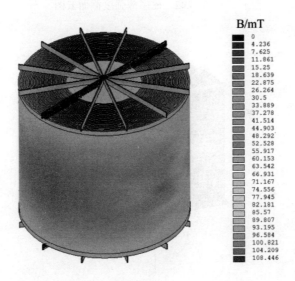

图 4.41　感应强度云图

图 4.42 给出了 ±800kV 干式平波电抗器磁感应强度剖视云图。从图 4.41 和图 4.42 中可以看出，计算区域最大磁感应强度位于 ±800kV 干式平波电抗器内部，靠近第一层包封处，磁感应强度云图呈轴对称分布。

以 ±800kV 干式平波电抗器的轴对称线中心点为坐标原点，如图 4.43 所示，沿 X 轴正方向和 Y 轴负方向各取路径观察磁感应强度的变化规律，路径点间距为 0.1m，路径长度为 15m，电抗器中心点对地高度为 15.52m。

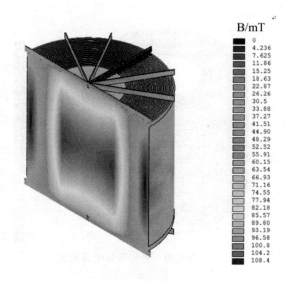

图 4.42    磁感应强度截面云图

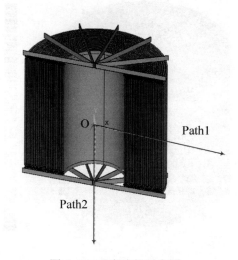

图 4.43    观察路径示意图

　　沿 X 轴路径 Path1 的磁感应强度分布曲线如图 4.44 所示。沿 Y 轴路径 Path2 的磁感应强度分布曲线如图 4.45 所示。

　　由上述结果可知，±800kV 干式平波电抗器的磁场分布呈轴对称分布，磁感应强度沿 X 轴由中心点至 2.2m 区域呈不规律变化，主要原因是该区域多层介质，包封最大外半径略小于 2.2m，而由 2.2m 处至 15m 处呈递减规律。磁感应强度由中心点沿 Y 轴呈递减趋势，Y 轴方向上，距中心点 5m 时，磁感应强度衰减至

5.45mT，距中心点 10m 时，磁感应强度递减至 0.67mT，而地面 1.5 处，即相对距中心点 14.02m，路径点的磁感应强度约为 0.25mT。

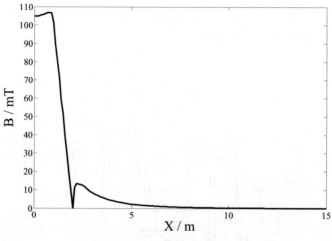

图 4.44　路径 1 磁感应强度分布

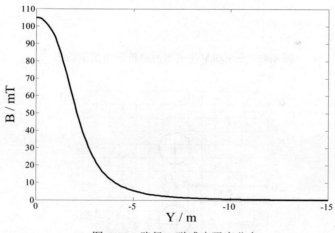

图 4.45　路径 2 磁感应强度分布

### 4.4.2　平抗现场磁场仿真

#### 4.4.2.1　电抗器现场布置

该换流站极 II 高压端 ±800kV 干式平波电抗器布置示意图如图 4.46 所示。高压端 ±800kV 干式平波电抗器编号依次为 I、II，靠近阀厅的为 I 电抗器。设高压端两串联电抗器间管母中心点到地面的投影点为坐标原点，垂直地面方向为 Y

轴，平行管母方向为 X 轴，高压端±800kV 干式平波电抗器两中心线间水平间距为 14.3m，电抗器上端面对地高度为 17.62m。两电抗器在 X 轴方向投影距离为 18.3m，地面 1.5m 处磁感应强度观察点为 40×40 方型区域内的布置点，如图 4.47 所示。地面 1.5m 的观察点在 X 轴和 Z 轴方向间隔均为 1m，X 轴和 Z 轴观察范围均为[-20, 20]，共计 41×41 个观察点。

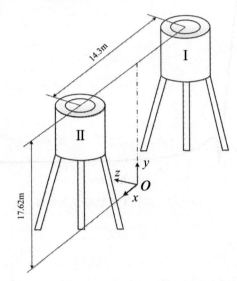

图 4.46 ±800kV 干式平波电抗器布置示意图

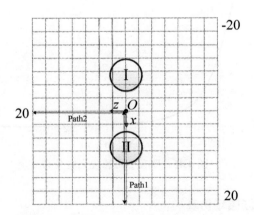

图 4.47 地面 1.5m 处观察点布置示意图

±800kV 干式平波电抗器现场磁场仿真计算模型、计算原理、计算流程与 ±800kV 干式平波电抗器本体磁场仿真相一致，由于篇幅限制，在此不赘述。为了节约计算时间，降低计算要求，±800kV 干式平波电抗器现场磁场仿真模型进一步简化，只考虑了包封和包封绝缘端环，由于未考虑涡流效应，仿真模型中可省略不考虑星型支架，以提高计算效率，包封及包封绝缘端环参数与本体模型参数保持一致，电抗器Ⅰ和电抗器Ⅱ现场布置参数与实际布置相一致。

### 4.4.2.2  磁场计算结果

±800kV 干式平波电抗器现场磁场仿真中，电抗器Ⅰ和电抗器Ⅱ中电流方向保持一致。电抗器包封加载直流电流进行恒定磁感应强度计算时，包封电流与包封直流电阻相关。电抗器包封加载谐波电流进行计算时，由于包封电感远大于谐波电阻，因此，包封谐波电流主要与包封电感相关。

在电抗器本体磁场仿真中，电抗器的主磁通由直流电流所决定，而谐波电流产生的谐波磁感应强度所占比重较小。±800kV 干式平波电抗器现场谐波仿真中，主要考虑了 2 次、4 次和 12 次谐波电流对电抗器的磁场影响，加载电流分别为 42.5A、57.3A 和 19.1A。其他次谐波电流所占比重较小，仿真计算中不予以考虑。

图 4.48 是±800kV 干式平波电抗器Ⅰ和Ⅱ加载直流电流 1628A 时，地面 1.5m 处观察面的磁感应强度分布情况。不同于电抗器本体的地面 1.5m 处的单峰磁感应强度分布，±800kV 干式平波电抗器Ⅰ和Ⅱ现场磁场仿真，地面 1.5m 处的磁感应强度呈现明显的双峰结构，电抗器Ⅰ和Ⅱ投影地面 1.5m 处区域是磁感应强度最大的区域，电抗器Ⅰ和Ⅱ中心点间区域，母线正下方投影地面 1.5m 处区域是磁感应强度较大区域，磁感应强度由每个电抗器中心向远离电抗器外侧逐渐减小，磁感应强度关于 XY 平面及 YZ 平面对称分布。图 4.49 是计及 2 次谐波、4 次谐波和 12 次谐波电流的地面 1.5m 处观察面合成磁感应强度分布，合成磁感应强度分布规律与直流分量产生的恒定磁感应强度分布规律相似。

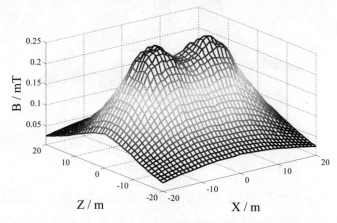

图 4.48  地面 1.5m 处直流分量磁感应强度分布

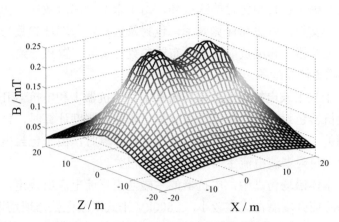

图 4.49　地面 1.5m 处合成谐波磁感应强度分布

　　图 4.50 是±800kV 干式平波电抗器Ⅰ和Ⅱ分别加载 2 次谐波电流 42.5A 时的地面 1.5m 处磁感应强度分布情况。在谐波计算中，由式（4-36）和式（4-41）可知，需要计算磁感应强度的实部和虚部，因此，谐波电流加载可分实部和虚部分别进行加载计算，由于仿真模型材料属性为线性材料，加载和响应均为线性变化，并且，各次谐波实部与虚部电流加载计算结果与直流加载计算结果有一定的相似性，主要不同是包封电流分配比例，直流电流在包封的分布与包封电阻相关，谐波电流在包封的分布主要与包封电感相关。

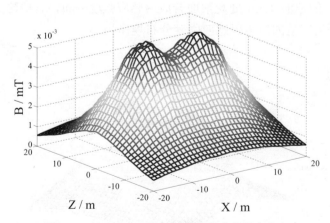

图 4.50　地面 1.5m 处 2 次谐波磁感应强度分布

　　由图 4.48 至图 4.50 可知，±800kV 干式平波电抗器Ⅰ和Ⅱ直流分量下的地面 1.5m 处恒定磁感应强度为 mT 级，而谐波分量下地面 1.5m 处的磁感应强度为 μT

级，两者在数量级上悬殊巨大。表 4.10 给出了地面 1.5m 处观察面的直流、合成、2 次、4 次、12 次谐波的最大磁感应强度模值。由以上结果可知，地面 1.5m 处磁感应强度分布中，直流电流产生的恒定磁场为合成磁感应强度的主要成分，地面 1.5m 处观察面最大磁感应强度 $B_0\big/\left|B_{sum}\right| = 99.93\%$。

表 4.10　磁感应强度最大模值

| 仿真类型 | I / A | $\left|B\right|_{\max}$ / mT | $\left|B_k\right|_{\max}\big/\left|B_{sum}\right|$ |
|---|---|---|---|
| 合成 | / | 0.2680 | 100% |
| 直流 | 1628 | 0.2678 | 99.93% |
| 2 次谐波 | 42.5 | 0.0058 | 2.16% |
| 4 次谐波 | 57.3 | 0.0078 | 2.91% |
| 12 次谐波 | 19.1 | 0.0026 | 0.97% |

图 4.51 是 Z=0m 和 Z=3m 时，沿 X 轴 0～20m 的地面 1.5m 处的合成磁感应强度分布曲线，Z=3m 时的磁感应强度观察点靠近电抗器外直径在 1.5m 水平面的投影点。从图 4.51 中可以看出，Z=3m 的 X 轴方向的合成磁感应强度分布均小于 Z=0m 的合成磁感应强度分布，路径观察点沿 Z 轴增大，相应远离±800kV 干式平波电抗器Ⅰ和Ⅱ磁场分布的双峰区域，其磁感应强度相对减小。

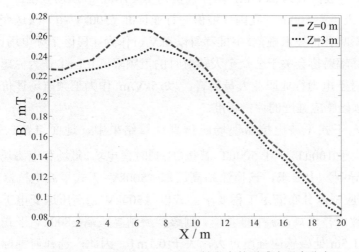

图 4.51　Z=0m 和 Z=3m 沿 X 轴方向的磁感应强度分布

图 4.52 是 X=0m 和 X=7m，沿 Z 轴 0～20m 的地面 1.5m 处的合成磁感应强度分布曲线，X=7m 时的磁感应强度观察点靠近电抗器中心点在 1.5m 水平面的投影

点。X=0m 的 Z 轴方向的合成磁感应强度在 0～9m 范围小于 X=7m 时的 Z 轴方向的合成磁感应强度，在 9～20m 范围前者略大于后者。

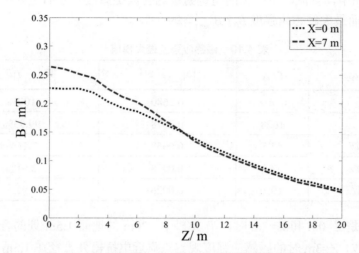

图 4.52　X=0m 和 X=7m 沿 Z 轴方向的磁感应强度分布

　　国际非离子辐射防护委员会（ICNIPP）于 1998 年提出《限制时变电场、磁场和电磁场（300GHz 以下）暴露导则》，该导则关于工频电磁场的限值规定如下：①电场强度：一般民众为 5kV/m，职业人员为 10kV/m；②磁场强度：一般民众为 100μT，职业人员为 500μT。我国环境保护行业标准《500kV 超高压送变电工程电磁辐射环境影响评价技术规范》中推荐暂以 4kV/m 作为居民区工频电场评价标准，推荐应用国际辐射协会关于公众全天辐射时的工频限值 0.1mT 作为磁感应强度的评价标准。对于电力行业职业人员而言，以 5kV/m 作为工频电场评价标准，以 0.1mT 为工频磁感应强度的评价标准。

　　±800kV 干式平波电抗器现场磁仿真计算结果中，地面 1.5m 处 $|B_{sum}|$ = 0.2680mT，大于 100μT，小于 500μT。若按《限制时变电场、磁场和电磁场（300GHz 以下）暴露导则》中要求，该换流站高压端 ±800kV 干式平波电抗器附近地面 1.5m 处磁感应强度分布满足工程要求；若以《500kV 超高压送变电工程电磁辐射环境影响评价技术规范》中推荐值，则该换流站高压端 ±800kV 干式平波电抗器附近地面 1.5m 处磁感应强度过大，大于 0.1mT。因此，选择何种标准作为评判依据，还有待商榷。建议职业人员不要长时间位于高压端电抗器附近的高磁场区域。

### 4.4.2.3 小结

±800kV 干式平波电抗器现场磁场仿真中，计算区域合成磁感应强度主要由直流分量的恒定磁场所决定，同样适用于地面 1.5m 处合成磁感应强度分布规律。

±800kV 干式平波电抗器现场磁场仿真中，地面 1.5m 处合成磁感应强度呈现双峰结构，电抗器 I 和 II 投影地面 1.5m 水平面区域是合成磁感应强度最大区域。

地面 1.5m 处合成磁感应强度最大值为 0.2680mT，满足《限制时变电场、磁场和电磁场（300GHz 以下）暴露导则》中相关标准，磁场强度：一般民众为 100μT，职业人员为 500μT。该最大值大于我国环境保护行业标准《500kV 超高压送变电工程电磁辐射环境影响评价技术规范》中的以 0.1mT 为工频磁感应强度的评价标准。

# 4.5 场路耦合仿真

## 4.5.1 电磁暂态计算

### 4.5.1.1 计算软件

研究采用国际通用先进的图形化的电磁暂态计算程序 ATP-EMTP 进行计算分析。该软件权威性和通用性强，能计算具有集中参数元件和分布参数元件的任意网络的暂态过程；求解速度快；精度能满足工程计算的要求；Windows 人机对话界面，计算模型图形化输入，操作相对比较方便，计算结果得到业界普遍认可。

### 4.5.1.2 SR 模型

SR 模型参数如图 4.53 所示。

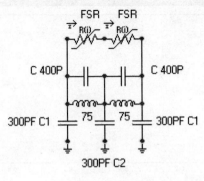

图 4.53 SR 模型

### 4.5.1.3 计算条件

（1）运行方式。

反击过电压计算工况选取单极正极性大地回线运行方式。

（2）雷电参数。

以直流 260kA 作为反击侵入波过电压计算中的雷电流。雷电流的波形取 2.6/50μs 的三角波。

（3）雷击方式。

反击各级杆塔塔顶。

4.5.1.4　计算结果

（1）2 高 2 低方式反击 6#杆塔塔顶，如图 4.54 所示。

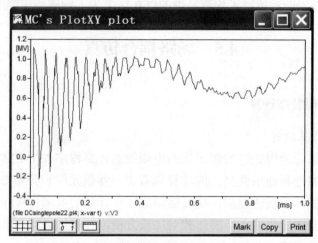

（a）高压侧 SR 靠近极线侧对地过电压

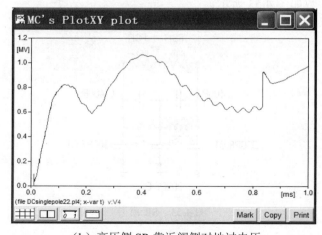

（b）高压侧 SR 靠近阀侧对地过电压

图 4.54　高压侧 SR 对地过电压情况

（2）2 高 2 低方式反击各级杆塔塔顶过电压，如表 4.11 所示。

表 4.11　过电压计算水平

| 塔号 | 高压侧 SR 极线侧 | 高压侧 SR 阀侧 | 高压侧单台 SR 两侧电压最大值 |
|------|----------------|---------------|------------------------------|
| 1# | 1124.2 | 1067.6 | 1010.6 |
| 2# | 1124.4 | 1067.5 | 1011.2 |
| 3# | 1124.5 | 1067.3 | 1011.1 |
| 4# | 1124.2 | 1067.8 | 1011.2 |
| 5# | 1123.9 | 1067.1 | 1005.6 |
| 6# | 1124.3 | 1067.2 | 1012.6 |

### 4.5.2　电场计算

#### 4.5.2.1　计算软件

场路耦合仿真中电场仿真在 SolidWorks 软件中建模，导入大型有限元软件 ANSYS 中进行计算。ANSYS 软件是融结构、流体、电场、磁场、声场分析于一体的大型通用有限元分析软件。它能与多数 CAD 软件接口，实现数据的共享和交换，如 Pro/Engineer、NASTRAN、AutoCAD 等，是现代产品设计中的高级 CAE 工具之一。

#### 4.5.2.2　计算模型

仿真模型依据平波电抗器的实际尺寸按照 1:1 的比例建立较为精细的计算模型。两个平波电抗器的中心相距为 15m，主母线的直径为 300mm，与电抗器相连的主母线一端均有两个均压环，均压环的管径为 300mm，环径为 1200mm。本次计算选择塔号为表 4.11 中的 2#、5#、6#三种情况。

#### 4.5.2.3　加载条件

在与平波电抗器相连接的主母线上施加表 4.11 中三种不同的高电位，分别为 1011.2kV、1005.6kV、1012.6kV，主母线两端的均压环及避雷器上端的均压环施加以上高电位，电抗器斜撑式支柱绝缘子及雨帽上的均压环均各自耦合成等电位体，金属底座上施加零电位，大空气的外表面施加零电位。本次电场计算的类型属于静电场计算，未考虑放电产生的离子流场的影响。

#### 4.5.2.4　计算结果

通过仿真计算，2#号平波电抗器上的电位云图如图 4.55 所示，切面上的电场云图如图 4.56 所示，2#情况下电抗器表面最大电位为 1010.6kV，切面上最大电场强度为 695.2kV/m。6#号平波电抗器上的电位云图如图 4.57 所示，切面上的电场云图如图 4.58 所示。6#情况下电抗器表面最大电位为 1013kV，切面上最大电场强度为 696.3kV/m。

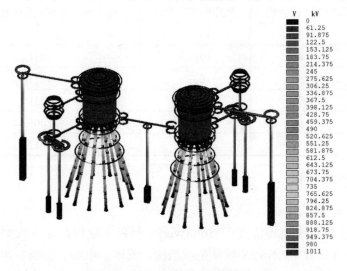

图 4.55　2#情况下电位图

图 4.56　2#情况下电场云图

分析 2#、5#、6#切面上的电场值可得，电场值随电位线性变化。电位越高，同一位置处的电场值越大。

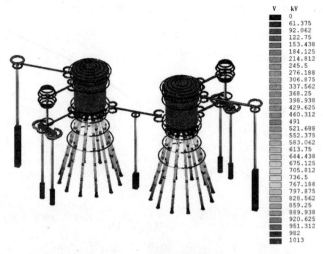

图 4.57　6#情况下电位云图

图 4.58　6#情况下电场云图

以上三种电压加载计算结果对比分析如图 4.59 所示。

从图 4.59 中可知，将雷击各级杆塔情况下的平波电抗器暂态过电压计算结果作为加载条件，对平波电抗器进行电场计算，由于材料参数均为线性材料，因此，计算结果与激励成线性关系，图 4.59 的三种不同电压加载计算中，计算域最大场强基本成线性关系。

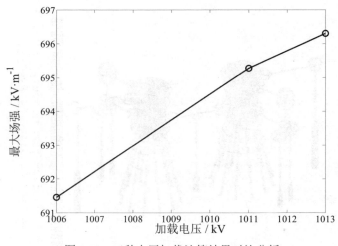

图 4.59    三种电压加载计算结果对比分析

# 4.6    平波电抗器振动仿真研究

### 4.6.1    概述

±800kV 平波电抗器（简称干抗）工况运行中，电流主要成分为直流电流，谐波电流所占比例较小。由于干抗结构中无铁磁材料，不存在磁致伸缩，因此包封绕组所受的力主要为电磁力，若无谐波电流，则干抗绕组的电磁力为恒定电磁力，对干抗结构的影响只有形变效果，无振动效果。然而，谐波电流的存在，谐波电流参数中偶次谐波含量较大成分如 2 次、4 次和 12 次谐波分别为 42.5A、57.3A 和 19.1A，谐波电流与直流电流共同作用的时变电磁力使得干抗结构产生受迫振动，从而引起噪声。随着环保意识的增强和职业工作人员相关标准的日益完善，对平波电抗器进行振动与噪声研究，可深入分析平波电抗器振动，有助于采取相应措施抑制振动，从而降低其噪声水平，进而改善换流站站内噪声环境，有利于分析研究平波电抗器噪声产生机理，并对改善其噪声水平提供依据和基础。

干抗包封中绕组所受的时变电磁力是产生噪声的根源，而干抗结构的振动与结构动力学相关，首先需要对干抗进行模态分析，研究干抗结构的固有频率和振型。在结构模态分析的基础上，对干抗进行电磁场仿真，将电磁场仿真中的时变电磁力加载在干抗结构上进行响应受迫振动分析，完成干抗结构与电磁力的耦合仿真。干抗响应受迫振动分析结果可作为干抗噪声仿真的加载激励条件，进一步深入研究干抗噪声。

### 4.6.2  干抗结构模态仿真

平波电抗器噪声仿真涉及结构动力学、电磁学、声学多个物理场耦合计算，干抗噪声仿真中，首先对干抗进行结构模态分析，分析得到干抗的固有频率和振型。

#### 4.6.2.1  模态分析基础

模态分析是计算结构振动特性的数值技术，模态分析即为结构的固有振动特性分析，用于确定结构的固有频率和振型，模态分析是最基础的动力学分析，其分析结果可作为瞬态动力学分析、谐响应分析和谱分析等其他动力分析的基础。

任何结构或部件都有固有频率和相应的模态振型，这些属于结构或部件自身的固有属性。

无阻尼模态分析是经典的特征值问题，无阻尼结构自由振动的运动方程如下：

$$[M]\{x''\} + [K]\{x\} = \{0\}$$

式中：$[M]$ 为质量矩阵；$[K]$ 为刚度矩阵；$\{x''\}$ 为加速度向量；$\{x\}$ 为位移向量；

结构的自由振动为简谐振动，即位移为正弦函数：

$$\{x\} = \{\phi\}\sin(\omega t + \varphi)$$

则有：

$$\{x''\} = -\omega^2\{\phi\}\sin(\omega t + \varphi)$$

代入运动方程，可得：

$$\left([K] - \omega^2[M]\right)\{\phi\} = \{0\}$$

上式为结构振动的特征方程，模态分析就是计算该特征方程的特征值 $\omega_i$ 及其对应的特征向量 $\{\phi_i\}$。特征值 $\omega_i$ 为自振圆频率，自振频率为 $f_i = \dfrac{\omega_i}{2\pi}$。

模态分析实际上就是对运动方程进行特征值和特征向量的求解，也称为模态提取，模态分析中材料的弹性模量、泊松比以及材料密度是必须定义的。

#### 4.6.2.2  模态仿真计算

±800kV 平波电抗器结构复杂，对计算软硬件要求较高，多物理场计算对网格要求较为严格，因此，对 ±800kV 平波电抗器进行电磁力与振动研究，主要考察电抗器本体中包封、端部绝缘和上下星型支架的振动情况。有限元计算模型主要建立 21 层包封及端部绝缘、上下星型支架，采用 SolidWorks 软件完成三维建模，采用 ANSYS 软件完成网格剖分、加载计算，求解以及后处理。

±800kV 平波电抗器结构模态中涉及的材料参数有密度、弹性模量和泊松比，由于包封、端部绝缘均为复合材料，通过查阅相关文献及资料，结构模态分析中，材料参数取值如表 4.12 所示。

表 4.12　材料参数

| 结构 | 密度（kg/m³） | 弹性模量（GPa） | 泊松比（-） |
|---|---|---|---|
| 包封 | $2.77 \times 10^3$ | $7.1 \times 10^2$ | 0.33 |
| 端部绝缘 | $1.8 \times 10^3$ | $1.55 \times 10^2$ | 0.24 |
| 星型支架 | $2.77 \times 10^3$ | $7.1 \times 10^2$ | 0.33 |

在有限元程序中，对 ±800kV 平波电抗器进行模态分析，模态计算方法采用 Block Lanczos 模态提取法，对仿真模型进行模态提取，计算阶数为 100 阶，限于篇幅，表 4.13 中为若干阶数模态阶数的固有频率和幅值，其中，模态阶数为 94 阶时，固有频率为 161.26Hz，电抗器振幅最大，振幅为 0.0428m，±800kV 平波电抗器包封由内及外，依次编号为第 1 层、第 2 层、……、第 21 层包封，电抗器的振型描述如表 4.13 所示。

表 4.13　模态计算结果

| 模态阶数 | 固有频率/Hz | 振幅/m | 振型 |
|---|---|---|---|
| 1 | 63.68 | 0.00622 | 星型支架扭动 |
| 10 | 87.23 | 0.01228 | 第 21 层包封摆动较大 |
| 20 | 100.03 | 0.0121 | 第 19 至第 21 层包封摆动较大 |
| 30 | 111.12 | 0.0173 | 第 17、18 层包封摆动较大 |
| 40 | 117.25 | 0.0229 | 第 16、17 层包封摆动较大 |
| 50 | 124.95 | 0.0077 | 包封摆动明显，星型支架扭动 |
| 60 | 133.15 | 0.0315 | 第 6、7、8 层包封摆动明显 |
| 70 | 143.36 | 0.0264 | 第 18 至第 21 层包封摆动较大 |
| 80 | 148.69 | 0.0398 | 第 5、6、7 层包封摆动明显 |
| 90 | 159.49 | 0.0149 | 包封下端振动明显 |
| 94 | 161.26 | 0.0428 | 第 4、5、6 层包封振动明显 |
| 100 | 162.99 | 0.03367 | 第 9 和第 10 层包封振动明显 |

图 4.60 至图 4.71 中的模态阶数云图为表 4.13 中不同阶数的模态结果计算云图，可以看出第 94 阶模态，固有频率为 161.26Hz，电抗器振幅最大。

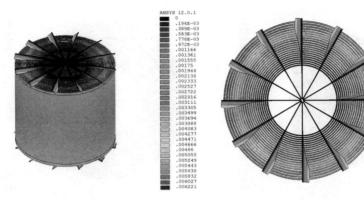

（a）正视图　　　　　　　　　　　（b）俯视图

图 4.60　第 1 阶模态云图

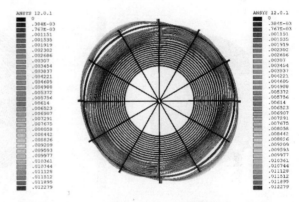

（a）正视图　　　　　　　　　　　（b）俯视图

图 4.61　第 10 阶模态云图

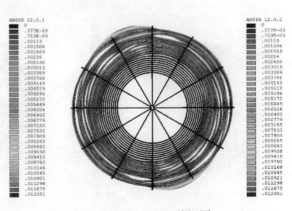

（a）正视图　　　　　　　　　　　（b）俯视图

图 4.62　第 20 阶模态云图

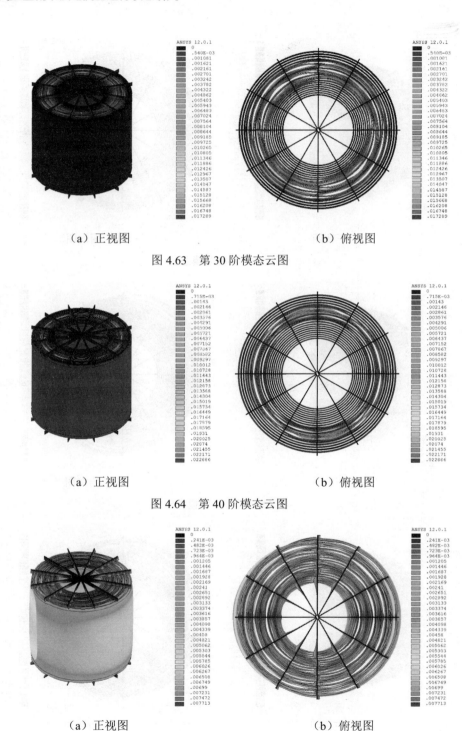

（a）正视图 （b）俯视图

图 4.63　第 30 阶模态云图

（a）正视图 （b）俯视图

图 4.64　第 40 阶模态云图

（a）正视图 （b）俯视图

图 4.65　第 50 阶模态云图

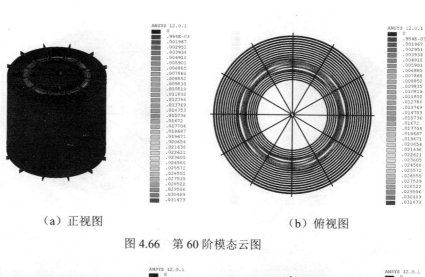

（a）正视图　　　　　　　　　　　（b）俯视图

图 4.66　第 60 阶模态云图

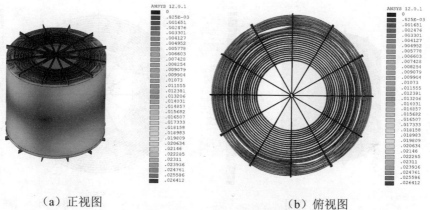

（a）正视图　　　　　　　　　　　（b）俯视图

图 4.67　第 70 阶模态云图

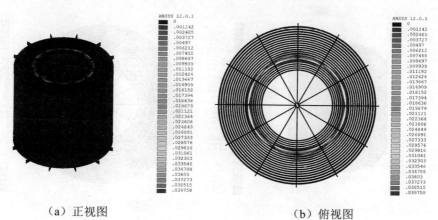

（a）正视图　　　　　　　　　　　（b）俯视图

图 4.68　第 80 阶模态云图

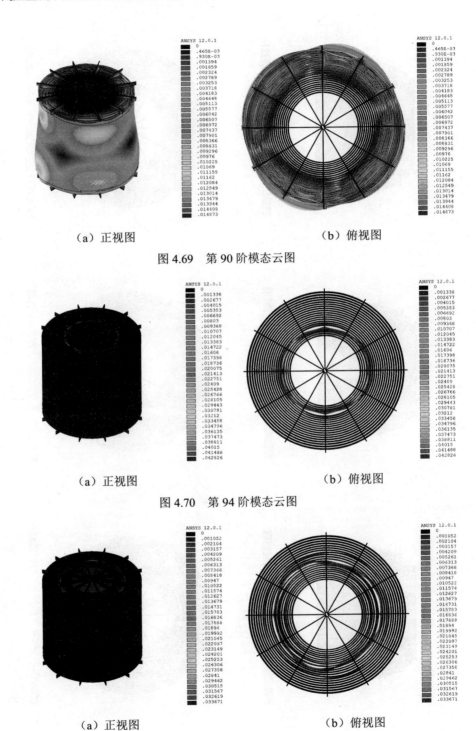

（a）正视图　　　　　　　　　　　（b）俯视图

图 4.69　第 90 阶模态云图

（a）正视图　　　　　　　　　　　（b）俯视图

图 4.70　第 94 阶模态云图

（a）正视图　　　　　　　　　　　（b）俯视图

图 4.71　第 100 阶模态云图

图4.72 为±800kV 平波电抗器模型分析的频谱计算结果,从图4.72 中可以看出,振幅较大的的模态阶数主要集中在 160Hz 附近,其次是 150Hz 附近的模态阶数。

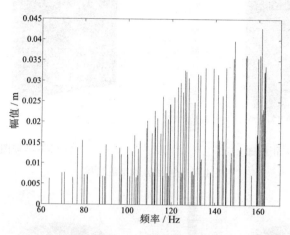

图 4.72　电抗器频谱计算结果

### 4.6.3　干抗电磁力仿真

±800kV 平波电抗器电磁力为直流加多次谐波,采用时域方法计算电磁力,对计算加载及后处理要求较高,为了简化计算条件降低计算难度,本项目研究中主要考察电磁力激励下的振动响应,仿真计算中,主要考察单次谐波。

±800kV 平波电抗器电磁力激励加载条件为 2 次谐波电流,参考《GB/T 25092 －2010 高压直流输电用干式空心平波电抗器》中声级测定的试验原理和方法,2 次谐波电流为 42.5A,按下式进行转换,仿真中加载的电流为 612.9A。

$$I_s = \sqrt{2\sqrt{2} \times I_{dr} \times I_h}$$

额定直流电流为 3125A,计算出等效试验谐波电流为 612.9A,该电流即为谐响应中电磁力的加载激励电流 612.9A。

±800kV 平波电抗器加载谐波电流时,各包封电流大小与包封电感及互感相关,根据场路计算原理,计算出各包封的谐波电流分配系数。

通过分配系数和加载激励电流 612.9A 对±800kV 平波电抗器各包封进行电流加载,包封等效电流密度如图4.73 所示,电流密度矢量图如图4.74 所示。

通过加载各包封电流,计算得到±800kV 平波电抗器磁场分布如图4.75 所示,由图 4.75 可知,第 1 层包封,即最里层包封内径表面磁感应强度最大,符合前章节磁场计算规律。

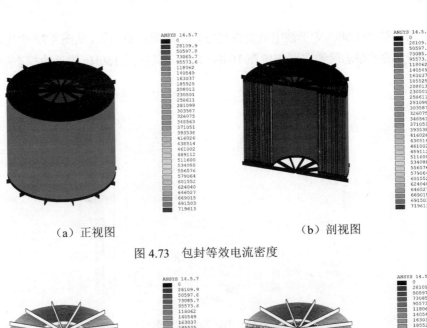

（a）正视图　　　　　　　　（b）剖视图

图 4.73　包封等效电流密度

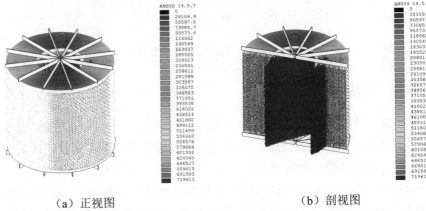

（a）正视图　　　　　　　　（b）剖视图

图 4.74　电流密度矢量图

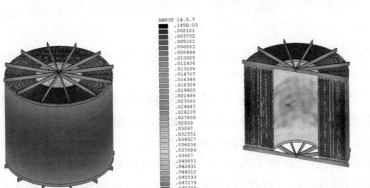

（a）正视图　　　　　　　　（b）剖视图

图 4.75　磁场分布云图

由图4.75的各磁场分布，进而可计算得到±800kV平波电抗器电磁力分布情况，如图4.76所示。

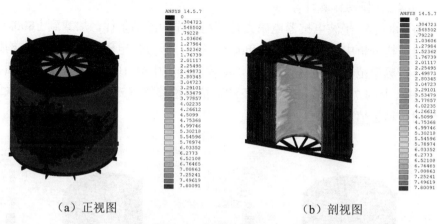

（a）正视图　　　　　　　　　　　　（b）剖视图

图4.76　电磁力分布

±800kV平波电抗器电磁力计算结果表明，第1层包封，即最里层包封内表面的电磁力较大，由洛伦兹力计算公式F=BIL可知，第1层的谐波电流最大，同时，第1层包封的磁感应强度最大，因此，电磁力计算结果中，第1层包封的电磁力最大。

### 4.6.4　干抗谐响应仿真

#### 4.6.4.1　谐响应分析基础

谐响应分析也成为频率响应分析或者扫频分析，用于确定线性结构在随时间以正弦规律变化的载荷作用下的稳态响应，从而得到结构部件的响应随频率变化的规律。

设计人员可以通过响应随频率的变化规律来分析结构的持续动力特性，以此作为参考验证结构能否克服共振、疲劳等有害效果，同时也可以利用共振的有益效用，设计出合理的结构形式。

在周期变化载荷的作用下，结构将以载荷频率做周期振动。周期载荷下的运动方程如下：

$$[M]\{x''\} + [C]\{x'\} + [K]\{x\} = \{F\}\sin\theta t$$

式中：$[C]$为阻尼矩阵；$\{F\}$为简谐载荷的幅值向量；

位移响应为：

$$\{x\} = \{A\}\sin(\theta t + \varphi)$$

式中：$\{A\}$ 为位移幅值向量，与结构固有频率 $\omega$ 和载荷频率 $\theta$ 以及阻尼 $[C]$ 有关。$\varphi$ 为位移响应滞后激励载荷的相位角。

### 4.6.4.2 振动仿真计算

将 ±800kV 平波电抗器电磁力计算结果作为激励条件，加载到 ±800kV 平波电抗器结构分析中，采用 full method 方法，扫频分析电磁力激励下的结构振动情况，分析频率范围为[63Hz,164Hz]，即模态分析中前 100 阶模态范围，频率步长为 0.2Hz。图 4.77 为 63.6Hz 频率下的电抗器位移幅值云图。由图 4.77 可知，第 1 层包封位移幅值较大。

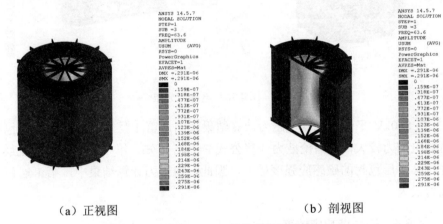

（a）正视图　　　　　　　　　　　　（b）剖视图

图 4.77　频率为 63.6Hz 的位移幅值云图

图 4.78 为 87.2Hz 频率下的电抗器位移幅值云图，外侧包封振动幅值较大。

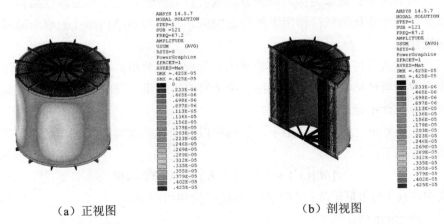

（a）正视图　　　　　　　　　　　　（b）剖视图

图 4.78　频率为 87.2Hz 的位移幅值云图

由上述图 4.76 至图 4.78 分析可知，扫频分析中，不同振动的固有频率下，干扰的电磁力谐响应激励各不相同，振幅在 $10^{-4}$m 至 $10^{-6}$m 之间，振动较小。

对 ±800kV 平波电抗器各包封进行频谱分析，各包封取外表面中间网格节点查看频谱曲线，图 4.79 至图 4.81 是第 1 层包封 X 轴、Y 轴及 Z 轴方向的频谱曲线。

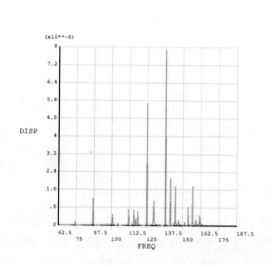

图 4.79　第 1 层包封频谱 X 方向位移

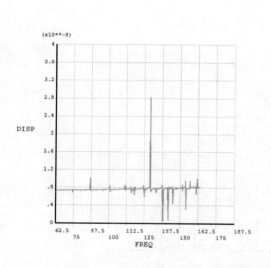

图 4.80　第 1 层包封频谱 Y 方向位移

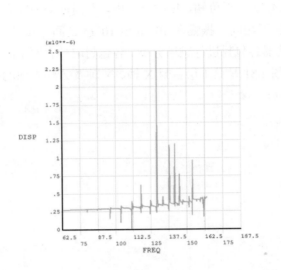

图 4.81　第 1 层包封频谱 Z 方向位移

由图 4.79 至图 4.81 分析可知，X 轴及 Z 轴方向的频谱曲线中，振幅数量级为 $10^{-6}$m，而 Y 轴方向的振幅数量级为 $10^{-8}$m，因此，第 1 层包封振动以 X 轴及 Z 轴分量为主，Y 轴分量振动可以忽略不计，这与电磁力在 Y 轴方向较小相关。

图 4.82 至图 4.84 为第 14 层包封 X 轴、Y 轴和 Z 轴方向的频谱曲线，其规律与第 7 层包封一致。

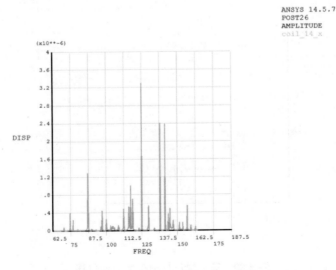

图 4.82　第 14 层包封频谱 X 方向位移

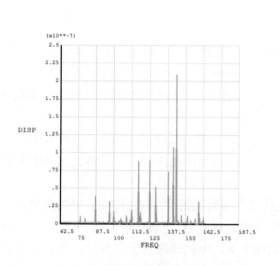

图 4.83　第 14 层包封频谱 Y 方向位移

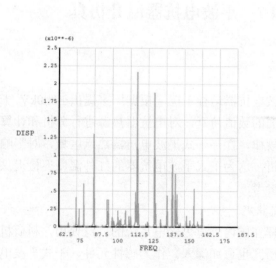

图 4.84　第 14 层包封频谱 Z 方向位移

由图 4.79 至图 4.84 分析可知，±800kV 平波电抗器包封频谱分析中，包封振幅不仅与电磁力相关，与振型及固有频率也相关，仿真计算中，各包封 X 轴和 Z 轴振动幅值较大，Y 轴振动幅值最小。

### 4.6.5　结论

本节研究基于结构动力学、电磁分析，采用有限元数值计算，对±800kV 平波电抗器在电磁力激励下的振动响应进行仿真，仿真结果如下：

（1）对±800kV 平波电抗器进行结构模态分析，获得电抗器前 100 阶模态，得到各阶模态的振型和固有频率。

（2）对±800kV 平波电抗器加载单次谐波电流，计算得到电抗器的电磁力分布，其中，第 1 层包封电流占加载电流比重最大，且磁感应强度在第 1 层包封内径表面最大，因此，第 1 层包封的电磁力最大。

（3）将电磁力计算结果作为激励条件，对±800kV 平波电抗器进行结构响应振动计算，结合模态分析中的固有频率，扫频分析得到电抗器在不同频率下的振动云图及频谱曲线，不同频率下，电抗器振动云图各异，若干频率下，第 1 层包封振动较大，这与第 1 层包封电磁力最大相关；频谱曲线中，各包封振动以 X 轴和 Z 轴振动为主，Y 轴振动较小，而振动幅值数量级在 $10^{-6}$m 至 $10^{-8}$m 范围。

# 4.7　平波电抗器温升仿真

### 4.7.1　概述

本节立足于干式平波电抗器运行工况，根据厂家提供±800kV 干式平波电抗器结构参数进行温升方面的数值仿真，对电抗器热源进行分析和计算，寻找干式平波电抗器的温度分布规律，探寻干式平波电抗器热点区域，对影响电抗器包封温度的主要因素进行分析，这为干式平波电抗器的红外温度巡检提供依据，同时为其温度在线监测提供参考。

#### 4.7.1.1　国内外研究状况

随着干式平波电抗器在国内外电力输电系统的广泛使用，科研机构及相关学者对干式平波电抗器的研究也愈加深入。作为感性元件，干式平波电抗器传统研究热点主要集中在电感计算、磁场计算及测量，国内学者魏新劳教授对空心电力电抗器进行了设计及计算相关的理论研究，研究内容涵盖电感计算、磁场和损耗分析及计算、电磁力计算、整体设计方法，研究成果多采用解析法或经验公式法进行电感、磁场和损耗等方面计算，公式简明。在空心电抗器磁场测量方面，国内高校学者如武汉大学的陈超强、文习山，重庆大学的张艳、汪泉弟等对不同类型空心电抗器进行了试验测量和数值计算，仿真数据与测量数据吻合较好。西安交通大学的张成芬、赵彦珍、马西奎等人对仿生智能算法提出改进，并成功应用于干式空心电抗器的优化设计；刘志刚、耿英三等人在电抗器优化设计、电抗器温度计算、电抗器电感和磁场计算等方面做出诸多研究。在空心电抗器损耗和温升方面研究中，沈阳工业大学张良县对干式平波电抗器谐波损耗机理进行了深入地研究，基于 Bartky 变换法，给出电抗器相关参数的解析计算方法。其后代忠滨在空心电抗器损耗机理的基础上，对空心电抗器进行了二维流固耦合温度场仿真和三维有限元温度仿真，其中三维有限元温度仿真通过迭代计算温升和对流系数进行收敛计算，取得不错效果。华中科技大学的邓秋采用有限差分法和有限体积法对空心电抗器进行了温升计算，主要集中在二维仿真模型，研究了风道结构、遮雨棚等对电抗器气流场分布的影响，研究了自然对流和强制风冷对电抗器温度分布的影响。

国外科研机构及学者关于电抗方面的研究成果较多，相对而言，资料也较为陈旧。在电感计算方面，比较权威的著作如《电感计算手册》，由前苏联卡兰塔罗夫和采伊特林所著。该书以近似公式和图表方式，较为全面地给出了工程上常见的各种结构形状的载流线圈回路自身的自感以及载流线圈回路之间的互感的计算方法，但该著作的不足是给出的近似公式有自身的限制条件，一般通过级数展开或者近似计算的方法得到，不能推广应用于工程上普遍情况。此外，该书中的近似公式和图表方式不适合于现阶段的计算机编程实现数值计算。

美国俄亥俄州立大学的 Qin Yu 和 Stephen A. Sebo 对干式电抗器的磁场进行了深入研究，其中，Qin Yu 的博士论文就集中研究电抗器磁场问题，其研究成果以三篇论文的形式于 1996 年、1997 年和 1998 年公开发表，在他们的研究成果中，分别应用了磁偶极子和平面细环形电流模型。应用磁偶极子模型所得到的磁场计算方法简单，但只有在远离电抗器区域计算准确性较高，在电抗器附近计算精度无法满足工程应用，而应用平面细环形电流模型所推导得到的磁场计算方法在计算精度和计算适用范围均不错。在电抗器损耗方面，2005 年日本学者 S. Nogawa 和 M. Kuwata 等人对三相铁芯电抗器的涡流损耗进行了相关研究。由于边缘磁通量导致的涡流损耗易引起局部过热，为了避免局部过热和保证设计的高效性，S. Nogawa 和 M. Kuwata 等人采用三维有限元法对铁芯电抗器的涡流损耗进行了仿真计算，数值计算结果与试验测量结果趋于一致，提出了缝隙设计的优化结构改善涡流损耗的新方法新思路。在空心电抗器温升方面，国外可借鉴成果较少，而电机温升方面成果可作为参考，对本章研究对象展开分析。

### 4.7.1.2 本节主要内容

本节基于仿真对象 ±800kV 干式平波电抗器温升研究，根据厂家提供的电抗器结构参数，合理简化建立三维仿真模型，先对干式平波电抗器热源进行分析，通过计算干式平波电抗器的损耗得到各包封的体积热源密度，作为温升仿真的激励条件。通过分析总结电抗器温升相关的计算方法优劣势，如经验公式、有限差分法、有限元法和有限体积法，选择有限体积法作为主要计算方法，分析该型号干式平波电抗器在大空间自然对流下的传热方式，采用有限体积法对干式平波电抗器内部进行流固耦合温升仿真，电抗器外表面与空气的传热通过对流系数和结构材料的辐射系数进行计算，分析总结干式平波电抗器的温升分布规律，研究包封沿其轴线方向的温度变化规律，研究包封和气道在径向的温度变化规律，研究入口风速对干式平波电抗器最大温升的影响。

### 4.7.2　计算方法及模型

#### 4.7.2.1　计算方法

本节基于流体力学和传热学理论基础，采用有限体积法对 ±800kV 干式平波电抗器进行流固耦合温升仿真，建立电抗器三维流体场与温度场耦合求解的数学模型和物理模型，从工程实际情况出发，对仿真模型进行简化，对物理模型进行基本假设，确定边界条件。

±800kV 干式平波电抗器温升仿真涉及固体域和流体域的传热计算，其中固体域包括干式平波电抗器的消声罩、防雨罩、包封、星型支架等，固体域热量以热传导和热辐射方式进行交换，流体域为自然对流作用下的空气冷却介质，两者通过对流方式进行热传递。仿真中主要热源为电流作用下的包封内铝导线的损耗，考虑到电抗器内包封表面间平均温差较小，可以忽略不考虑包封之间以及包封与空气之间的热辐射。

±800kV 干式平波电抗器内空气冷却介质的流动与传热满足 Navier Stokes 方程，即满足质量守恒定律、动量守恒定律、能量守恒定律，其守恒定律可采用流动与传热问题的控制方程进行描述。

（1）控制方程。

流体的流动和传热遵循基本的物理规律，即满足质量守恒定律、动量守恒定律、能量守恒定律。在三维直角坐标系中，流体的速度矢量为 $U$，在 $x$ 轴、$y$ 轴和 $z$ 轴上的分量依次为 $u$、$v$、$w$，流体压力为 $p$，流体密度为 $\rho$。可得流体的质量守恒方程为

$$\frac{\partial \rho}{\partial t} + \frac{\partial (\rho u)}{\partial x} + \frac{\partial (\rho v)}{\partial y} + \frac{\partial (\rho w)}{\partial z} = 0 \tag{4-43}$$

式中：$\rho$ 为流体密度，单位 kg/m³；$t$ 为时间，单位 s；$u$、$v$、$w$ 为速度矢量 $U$ 在

三个坐标轴上的分量，单位 m/s。

上式可用矢量符号表示为

$$\frac{\partial \rho}{\partial t} + \mathrm{div}(\rho U) = 0 \tag{4-44}$$

对于不可压缩流体，流体密度 $\rho$ 为常数，质量连续性方程可简化为

$$\mathrm{div}(U) = 0 \ \text{或} \ \frac{\partial u}{\partial x} + \frac{\partial v}{\partial y} + \frac{\partial w}{\partial z} = 0 \tag{4-45}$$

流体的流动受动量守恒定律支配，引入 Newton 切应力公式及 Stokes 表达式，速度分量 $u$、$v$、$w$ 的动量方程为

$$\begin{cases} \dfrac{\partial(\rho u)}{\partial t} + \mathrm{div}(\rho u U) = \mathrm{div}(\eta \mathrm{grad} u) + S_u - \dfrac{\partial p}{\partial x} \\[2mm] \dfrac{\partial(\rho v)}{\partial t} + \mathrm{div}(\rho v U) = \mathrm{div}(\eta \mathrm{grad} v) + S_v - \dfrac{\partial p}{\partial y} \\[2mm] \dfrac{\partial(\rho w)}{\partial t} + \mathrm{div}(\rho w U) = \mathrm{div}(\eta \mathrm{grad} w) + S_w - \dfrac{\partial p}{\partial z} \end{cases} \tag{4-46}$$

式中：$p$ 为流体压力，单位 Pa。$\eta$ 为流体的动力粘度，单位 Pa·s。$S_u$、$S_v$、$S_w$ 为 $u$、$v$、$w$ 的动量方程的广义源项，其表达式为：

$$\begin{cases} S_u = \dfrac{\partial}{\partial x}(\eta \dfrac{\partial u}{\partial x}) + \dfrac{\partial}{\partial y}(\eta \dfrac{\partial v}{\partial x}) + \dfrac{\partial}{\partial z}(\eta \dfrac{\partial w}{\partial x}) + \dfrac{\partial}{\partial x}(\lambda \mathrm{div} U) \\[2mm] S_v = \dfrac{\partial}{\partial x}(\eta \dfrac{\partial u}{\partial y}) + \dfrac{\partial}{\partial y}(\eta \dfrac{\partial v}{\partial y}) + \dfrac{\partial}{\partial z}(\eta \dfrac{\partial w}{\partial y}) + \dfrac{\partial}{\partial y}(\lambda \mathrm{div} U) \\[2mm] S_w = \dfrac{\partial}{\partial x}(\eta \dfrac{\partial u}{\partial z}) + \dfrac{\partial}{\partial y}(\eta \dfrac{\partial v}{\partial z}) + \dfrac{\partial}{\partial z}(\eta \dfrac{\partial w}{\partial z}) + \dfrac{\partial}{\partial z}(\lambda \mathrm{div} U) \end{cases} \tag{4-47}$$

式中：$\lambda$ 为流体的第二分子黏度，空气可取-2/3。

对于粘性为常数的不可压缩流体，$S_u = S_v = S_w = 0$，$u$、$v$、$w$ 的动力方程可简化为：

$$\begin{cases} \dfrac{\partial u}{\partial t} + \mathrm{div}(u U) = \mathrm{div}(\upsilon \mathrm{grad} u) - \dfrac{1}{\rho}\dfrac{\partial p}{\partial x} \\[2mm] \dfrac{\partial v}{\partial t} + \mathrm{div}(v U) = \mathrm{div}(\upsilon \mathrm{grad} v) - \dfrac{1}{\rho}\dfrac{\partial p}{\partial y} \\[2mm] \dfrac{\partial w}{\partial t} + \mathrm{div}(w U) = \mathrm{div}(\upsilon \mathrm{grad} w) - \dfrac{1}{\rho}\dfrac{\partial p}{\partial z} \end{cases} \tag{4-48}$$

式中：$\upsilon$ 为流体的运动粘度，单位 $m^2/s$。

上述三式即为三维 Navier-Stokes 方程。

能量守恒定律是流体热交换必须满足的基本物理规律，能量守恒定律其实质是热力学第一定律。通过引入导热 Fourier 定律，可得流体的能量方程为：

$$\frac{\partial(\rho h)}{\partial t} + \frac{\partial(\rho uh)}{\partial x} + \frac{\partial(\rho vh)}{\partial y} + \frac{\partial(\rho wh)}{\partial z} + p\,\mathrm{div}U = \mathrm{div}(\lambda\,\mathrm{grad}T) + \Phi + S_h \qquad (4\text{-}49)$$

式中：$h$ 为流体的比焓，单位 J/kg。$T$ 为流体热力学温度，单位 K。$\lambda$ 为流体的导热系数，单位 W/（m·K）。$S_h$ 为流体的内热源，单位 J。

$\Phi$ 为由于粘性作用机械能转换为热能的部分，称为耗散函数（dissipation function），其计算表达式为

$$\Phi = \eta\{2[(\frac{\partial u}{\partial x})^2 + (\frac{\partial v}{\partial y})^2 + (\frac{\partial w}{\partial z})^2] + (\frac{\partial u}{\partial y} + \frac{\partial v}{\partial x})^2 + (\frac{\partial u}{\partial z} + \frac{\partial w}{\partial x})^2 + (\frac{\partial v}{\partial z} + \frac{\partial w}{\partial y})^2\} + \lambda\,\mathrm{div}U$$

$$(4\text{-}50)$$

流体能量方程中 $p\,\mathrm{div}U$ 为表面张力对流体微元体所做的功，通常可以忽略不计；且对于理想气体、液体和固体可取 $h = c_p T$，$c_p$ 为比热容，其单位为 J/（kg·K），令 $c_p$ 为常数，将耗散函数 $\Phi$ 计入源项 $S_T$ 中，即

$$S_T = S_h + \Phi \qquad (4\text{-}51)$$

从而可得

$$\frac{\partial(\rho T)}{\partial t} + \mathrm{div}(\rho UT) = \mathrm{div}(\frac{\lambda}{c_p}\,\mathrm{grad}T) + S_T \qquad (4\text{-}52)$$

对于不可压缩流体则有

$$\frac{\partial T}{\partial t} + \mathrm{div}(UT) = \mathrm{div}(\frac{\lambda}{\rho c_p}\,\mathrm{grad}T) + \frac{S_T}{\rho} \qquad (4\text{-}53)$$

从上述公式可知，流体的质量守恒方程、动量守恒方程和能量守恒方程中包含流体 6 个未知量 $u$、$v$、$w$、$p$、$\rho$ 和 $T$，补充 $p$ 与 $\rho$ 的状态方程，待求方程组才能封闭。对于理想气流可有

$$p = \rho RT \qquad (4\text{-}54)$$

式中：$R$ 为摩尔气体常数。

（2）控制方程的通用形式。

在电抗器流体场与温度场耦合求解中，空气冷却介质的流动与传热问题中待求的流速和温度等变量，可用数值传热学中通用控制方程表示为

$$\frac{\partial(\rho\phi)}{\partial t} + \mathrm{div}(\rho U\phi) = \mathrm{div}(\Gamma_\phi\,\mathrm{grad}\phi) + S_\phi \qquad (4\text{-}55)$$

式中：$\phi$ 为通用变量，可代表 $u$、$v$、$w$、$T$ 等求解变量；$\Gamma_\phi$ 为广义扩散系数；$S_\phi$ 为广义源项。

（3）热传导方程。

在流动与传热待求问题中，基于传热学基本原理，针对各向异性材料，求解域内稳态温度场基本方程及其边界条件为

$$
\begin{cases}
\dfrac{\partial}{\partial x}\left(\lambda_x \dfrac{\partial T}{\partial x}\right) + \dfrac{\partial}{\partial y}\left(\lambda_y \dfrac{\partial T}{\partial y}\right) + \dfrac{\partial}{\partial z}\left(\lambda_z \dfrac{\partial T}{\partial z}\right) + Q_V = 0 \\[2mm]
\left. \dfrac{\partial T}{\partial n}\right|_{A_j} = 0 \\[2mm]
\alpha(T - T_f) + \lambda \left. \dfrac{\partial T}{\partial n}\right|_{A_s} = 0
\end{cases}
\tag{4-56}
$$

式中：$T$ 为固体温度，单位 k。$\lambda_x$、$\lambda_y$、$\lambda_z$ 为求解域内材料在三个轴方向的导热系数，单位 W/（m·K）。$Q_V$ 为求解域内体热源密度之和，单位 W/m³。$\alpha$ 为固体区域散热表的散热系数，单位 W/（m²·K）。$T_f$ 为固体域散热表面周围的流体温度，单位 K。$A_j$、$A_s$ 为固体域绝热面和散热面，单位 m²。

（4）热源计算。

±800kV 干式平波电抗器工况运行时，包封和星型支架为电抗器的主要热源，包封热源由包封电阻性损耗和涡流损耗构成，星型支架涡流损耗由各次谐波产生。通过有限元热磁耦合仿真可计算得到各次谐波下的星型支架的涡流损耗。星型支架的涡流损耗主要与支架结构、支架电阻、磁感应强度以及谐波角频率相关。±800kV 干式平波电抗器内部通过热传导以及热对流进行热交换，电抗器表面则通过自然对流和热辐射散热。

采用损耗分离方式对±800kV 干式平波电抗器在电流激励下的生成热进行计算。干式平波电抗器热源主要为包封损耗和支架涡流损耗。包封损耗由直流电阻损耗、谐波损耗（包封环流损耗和负载损耗）、涡流损耗三部分组成。

1）直流电阻损耗。

$$
P_D = I_d^2 R_d
\tag{4-57}
$$

式中：$I_d$ 为包封直流电流，单位 A。$R_d$ 为包封直流电阻，单位 $\Omega$。

2）包封谐波损耗。

$$
P_H = I_h^2 R_h
\tag{4-58}
$$

式中：$I_h$ 为包封谐波电流有效值，单位 A。$R_h$ 为包封谐波等效电阻，单位 $\Omega$。

在设计生产中，包封中各层绕组电流均能保证等电流密度分布，绕组间的环流很小，以保证包封的热稳定性以及机械稳定性。此外，±800kV 干式平波电抗

器的包封具体参数属于厂家商业核心技术，难以获得计算环流参数，因此，不考虑包封的环流损耗。

3）包封涡流损耗。

干式空心电抗器由多个同轴包封并联组合而成，每个包封由数层多股细导线并联而成，细导线截面一般为圆形截面，计算整个干式平波电抗器涡流损耗的重点在于对每根导线的涡流计算，考虑到干式平波电抗器的结构特点，为了合理简化计算问题，同时保证计算精度，在进行干式平波电抗器涡流损耗时，做出如下简化：

①导线直径远小于电抗器径向尺寸，忽略导线内部的磁场变化，认为导线截面内磁场处处相等且等于导线中心的磁场。

②忽略涡流的去磁作用，认为涡流为纯有功电流。

单匝圆导线涡流损耗为：

$$P_l = \frac{\gamma D \pi^2 \omega^2 d^4}{64} B^2 \tag{4-59}$$

式中：$d$ 为导线直径，单位 m。$D$ 为包封直径，单位 m。$\gamma$ 为导线电阻率，单位 $\Omega/\mathrm{m}$。$\omega$ 为时谐电流的角频率，单位 rad/s。$B$ 为导线中心处的磁感应强度有效值，单位 T。

电抗器包封由数层线圈多匝数股细导线并联而成，因此包封涡流损耗可通过对导线层数及匝数进行涡流损耗求和，即：

$$P_E = \sum_{i=1}^{m} \sum_{j=1}^{n_i} \frac{\gamma D_i \pi^2 \omega^2 d_i^4}{64} B^2 \tag{4-60}$$

式中：$m$ 为包封径向线圈层数。$n_i$ 为第 $i$ 层线圈的导线匝数。$d_i$ 为第 $i$ 层线圈的导线直径，单位 m。$D_i$ 为第 $i$ 层线圈的直径，单位 m。

4）支架涡流损耗。

谐波电流产生的交变磁场在星型支架上产生的涡流损耗 $P_S$，可通过有限元进行仿真计算得到。

按步骤 2）至 4）可以计算出各次谐波下把各包封的损耗及涡流损耗，进行求和，得到各包封损耗、支架损耗。各包封损耗可得 $P = P_D + \sum (P_H + P_E)$，星型支架损耗通过求和各次谐波涡流损耗可得。

（5）自然对流系数计算。

在分析消声罩以及防雨罩的大空间自然对流问题中，需要设置消声罩和防雨罩的外壳对流散热系数作为边界条件。消声罩外壳的对流系数属于竖圆柱热表面问题，其中，格拉晓夫（Grashof）数 $G_r$ 为：

$$G_r = \frac{g\alpha_V \Delta T L^3}{\upsilon^2} \qquad (4\text{-}61)$$

式中：$g$ 为重力加速度，单位 m/s²；$\alpha_V$ 为体胀系数，单位 1/K。$\upsilon$ 为空气的运动粘度，单位 m²/s。$\Delta T$ 为空气与壁面的温差，单位℃；$L$ 为消声罩的特征长度/定形尺寸（消声罩高度），单位 m。

工程计算中广泛采用以下形式的大空间自然对流实验关联式：

$$N_u = C(G_r \cdot P_r)^n \qquad (4\text{-}62)$$

式中：$N_u$ 为努赛尔（Nusselt）数；$P_r$ 为普朗特（Prandlt）数，$P_r = \upsilon/a$，$a$ 为热扩散率 m²/s。$G_r$ 可由表 4.14 查找。

表 4.14　常数 C 和指数 n

| 热表面形状与位置 | 流态 | 系数 C | 指数 n | $G_r$ 数适用范围 |
|---|---|---|---|---|
| 竖平板及竖圆柱 | 层流 | 0.59 | 1/4 | $1.43\times10^4<G_r<3\times10^9$ |
| | 过渡 | 0.0292 | 0.39 | $3\times10^9<G_r<2\times10^{10}$ |
| | 湍流 | 0.11 | 1/3 | $2\times10^{10}<G_r$ |
| 横圆柱 | 层流 | 0.48 | 1/4 | $1.43\times10^4<G_r<5.76\times10^8$ |
| | 过渡 | 0.0165 | 0.42 | $5.76\times10^8<G_r<4.65\times10^9$ |
| | 湍流 | 0.11 | 1/3 | $4.65\times10^9<G_r$ |

竖圆柱与竖壁用同一个关联式只限于以下情况：

$$\frac{d}{H} \geqslant \frac{35}{G_{r_H}^{1/4}} \qquad (4\text{-}62)$$

对流散热系数 $h$ 为：

$$h = \lambda N_u / L \qquad (4\text{-}63)$$

式中：$\lambda$ 为空气的导热系数 W/（m·K）。

#### 4.7.2.2　仿真模型

本节仿真对象为北京电力设备总厂研制的±800kV 干式平波电抗器，图 4.85 为该型号电抗器在换流站工况运行情况。

±800kV 干式平波电抗器本体结构复杂，包封层数多，结构尺寸比悬殊，轴向高度近 3.85m，而包封层径向最大厚度为 38mm，最小厚度为 22mm，流固耦合温升仿真涉及的有限容积法对网格剖分要求严格，模型剖分难度大。电抗器本体组件如包封、隔声罩、防雨罩和消声器均为轴对称模型，而星型支架共有 12 个支撑臂，隔声罩组件由星型支架和圆周均匀分布的 12 组支撑件组成，星型支架和支

1）±800kV 干式平波电抗器电抗器周围环境温度为 33.4℃，即为 306.55K（试验环境温度）。

2）包封及消声罩下端面为空气冷却介质的速度入口边界条件，隔声罩和防雨罩与外空气的边界为压力出口条件，相对压力差为零。入口空气流速参考轻风风速 0.3～1.5m/s，取值为 0.65m/s。

3）隔声罩轴向端面的对流系数由自然对流的格拉晓夫（Grashof）数 $G_r$ 和努赛尔（Nusselt）数 $N_u$ 以及关联式计算可得为 5.179 和 4.814W/（m$^2$·K）。

4）各包封的等效热源密度由表 4.16 取值，由有限元计算包封电阻损耗可得。

（4）网格模型。

采用结构化网格划分对简化后的 1/4 干式平波电抗器模型进行六面体网格划分，网格划分方向遵循冷却空气假设流动方向，包封及包封间气道径向方向网格划分密集，图 4.87 为仿真模型网格。网格模型单元数量为 642698，节点数 515777，网格质量 0.65 以上。

图 4.87　仿真模型网格

### 4.7.3　计算结果及分析

#### 4.7.3.1　温度分布

在建立 ±800kV 干式平波电抗器物理数学模型的基础上，通过设置合理的假设条件、加载热源及边界条件，网格剖分后，该型号电抗器流固耦合温度分布计算结果如图 4.88 所示，其中，环境温度为 306.55K。计算域最高热点温度值为

391.16K，该热点温升值为 84.61K，小于 90K 标准要求值。

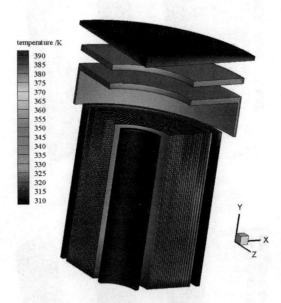

图 4.88　电抗器温度分布

由图 4.88 和图 4.89 可知，包封温度轴向分布上端温度较高，第 18 至第 20 层包封上端为最高热点区域。消声器所处通风量较大，温升较低。图 4.90 是第 1 层包封至第 21 层包封温度分布云图。每层包封轴向温度上端温度较高，其次中间温度，下端温度最低。

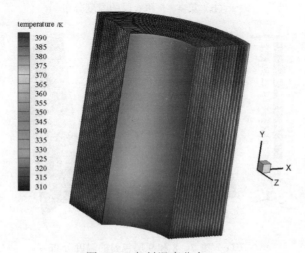

图 4.89　包封温度分布

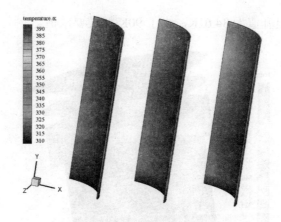

（a）第 1、2 和 3 层的温度分布

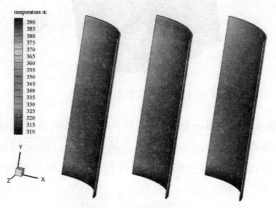

（b）第 4、5 和 6 层的温度分布

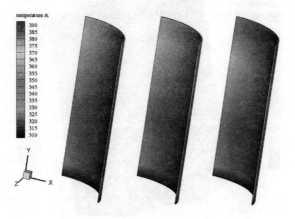

（c）第 7、8 和 9 层包封的温度分布

图 4.90　第 1 层至第 21 层包封温度分布

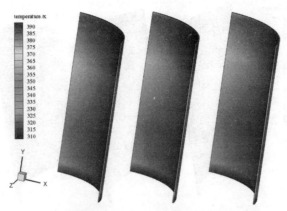

（d）第 10、11 和 12 层包封温度

（e）第 13、14 和 15 层包封温度

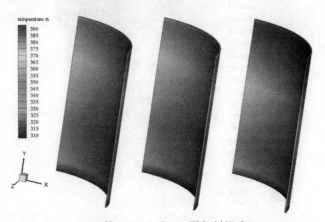

（f）第 16、17 和 18 层包封温度

图 4.90　第 1 层至第 21 层包封温度分布（续图）

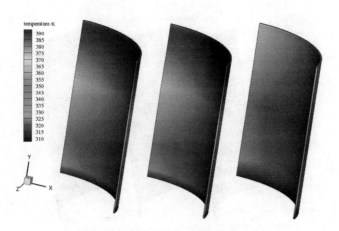

（g）第 19、20 和 21 层包封温度

图 4.90　第 1 层至第 21 层包封温度分布（续图）

### 4.7.3.2　流速分析

图 4.91 为±800kV 干式平波电抗器流固耦合流体场流速云图，图 4.92 为其流迹图。空气流动仿真结果显示：入口空气质量流速为 2.0769908kg/s，出口边界空气流出质量为-2.0772743kg/s，净差为-0.0002834797kg/s，仿真计算流体质量收敛性令人满意。最大流速出现在隔声罩最外截面出口处，其次隔声罩周围阻挡结构少、空气流速较大。

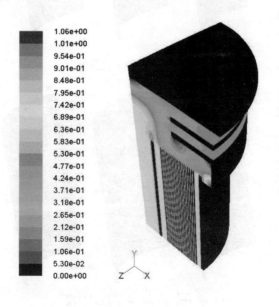

图 4.91　流速云图

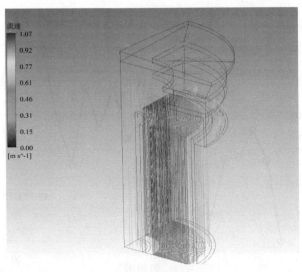

图 4.92　流迹图

### 4.7.3.3　温度分析

（1）试验值与仿真值比较。

±800kV 干式平波电抗器流固耦合流体场与温度场仿真结果中，将试验值与测量值进行比较，试验测量点为各包封层外径距上端面 15cm 处，包封高度 H=3.85m，21 个试验测量点沿径向分布。

图 4.93 为包封试验测量值与仿真值对比情况，图 4.94 为试验值与仿真值的相对误差，图 4.93、图 4.94 和表 4.17 均用 K 表示。

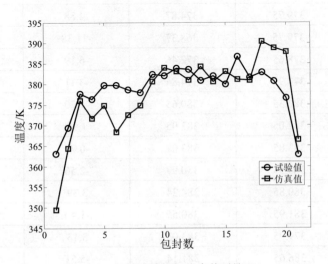

图 4.93　包封试验值与仿真值对比/K

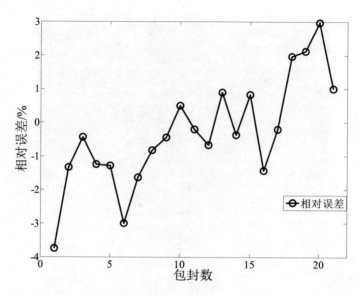

图 4.94　包封试验与仿真相对误差/K

表 4.17　试验值与仿真值对比/K

| 包封 | 试验值/K | 仿真值/K | 温差值/K | 相对误差/% |
|------|---------|---------|---------|-----------|
| 1 | 363.05 | 349.45 | -13.60 | -3.75% |
| 2 | 369.35 | 364.42 | -4.93 | -1.33% |
| 3 | 377.65 | 376.02 | -1.63 | -0.43% |
| 4 | 376.35 | 371.68 | -4.67 | -1.24% |
| 5 | 379.75 | 374.87 | -4.88 | -1.29% |
| 6 | 379.75 | 368.37 | -11.38 | -3.00% |
| 7 | 378.65 | 372.46 | -6.19 | -1.63% |
| 8 | 377.95 | 374.84 | -3.11 | -0.82% |
| 9 | 382.35 | 380.65 | -1.70 | -0.44% |
| 10 | 382.05 | 383.95 | 1.90 | 0.50% |
| 11 | 383.85 | 383.09 | -0.76 | -0.20% |
| 12 | 383.55 | 380.99 | -2.56 | -0.67% |
| 13 | 380.85 | 384.24 | 3.39 | 0.89% |
| 14 | 381.95 | 380.55 | -1.40 | -0.37% |
| 15 | 379.95 | 383.08 | 3.13 | 0.82% |
| 16 | 386.65 | 381.14 | -5.51 | -1.43% |

续表

| 包封 | 试验值/K | 仿真值/K | 温差值/K | 相对误差/% |
|---|---|---|---|---|
| 17 | 381.65 | 380.90 | -0.75 | -0.20% |
| 18 | 382.85 | 390.39 | 7.54 | 1.97% |
| 19 | 380.75 | 388.82 | 8.07 | 2.12% |
| 20 | 376.65 | 387.82 | 11.17 | 2.97% |
| 21 | 362.85 | 366.49 | 3.64 | 1.00% |

由图 4.93、图 4.94 和表 4.17 可知，用℃为温度单位，第 1、6 和 20 层包封温度测量值与仿真值误差较大，温度差值大于 10K，第 1 层相对误差最大为-15.13%，其他 18 层包封测量点试验值与仿真值的温度差值均不大于 8.07K，相对误差控制在 7.5%以内。若以 K 为温度单位，则最大相对误差由-15.13%变为-3.75%。仿真值与实测值较为吻合。

（2）轴向温度分布。

±800kV 干式平波电抗器中各包封由内及外沿径向依次编号为第 1、2、3…21 层包封，沿包封外径表面从下端面至上端面取轴向长度 H=3.85m 路径观察各包封轴向温度分布情况，如图 4.95 和图 4.96 所示。

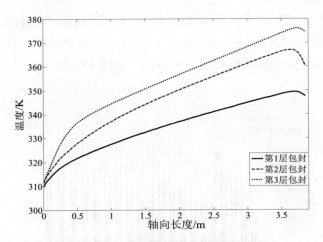

图 4.95　第 1 层至第 3 层包封轴向温度分布

包封轴向长度 H=3.85m，由图 4.95 和图 4.96 可知，包封轴向温度分布可看成 3 个温升速率不同区域，在[0m,0.45m]区域，由于包封邻近冷却空气流速入口，湍流未充分发展，对流换热效果较差，因此该区域包封轴向温升速率较大；在 [0.45m,3.67m]区域，随着包封间气道轴向长度增加，空气冷却介质湍流逐渐发展充分，空气与包封壁面对流换热加强，因此该区域包封轴向温升速率变为平缓；在[3.67m,3.85m]区域，包封间的空气从气道中流出，汇集在一起隔声罩内腔，空气热传导加强，包封上端区域温度降低。

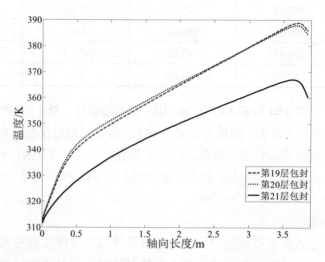

图 4.96　第 19 层至第 21 层包封轴向温度分布

（3）径向温度分布。

取±800kV 干式平波电抗器本体中包封的不同轴向高度（5H/6、H/2、H/6），从第 1 层包封内半径表面（Rin=0.94m）至第 21 层包封外半径表面（Dout=2.13m）的径向路径观察包封层的径向温度分布情况，如图 4.97 所示。

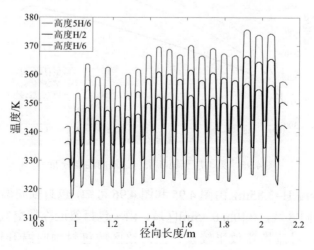

图 4.97　高度 5H/6、H/2、H/6 的包封间径向温度分布

由图 4.97 可知,包封间的径向温度在包封上端区域温度较高,中间温度次之,包封下端区域温度较低。同一高度,各包封温度中第 18 层包封温度最高,其次是第 20 层包封温度较高,热点区域主要集中在第 18 层至第 20 层包封上端区域。

### 4.7.3.3 流速与热点温度

在 $\pm 800 kV$ 干式平波电抗器流体场与温度场耦合仿真计算中,改变空气流速入口的流速大小,研究计算域最高温升热点与流速之间的关系,仿真计算结果如图 4.98 和图 4.99 所示。

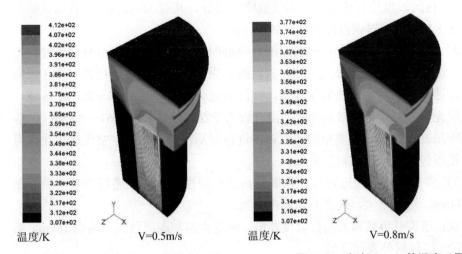

图 4.98　流速 0.5m/s 的温度云图　　　　图 4.99　流速 0.8m/s 的温度云图

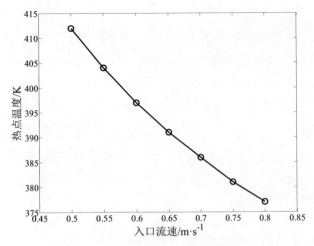

图 4.100　流速大小与热点温升

由图 4.100 可知，仿真计算区域最高热点温度与空气流速关系为非线性递减关系，在 0.5m/s～0.8m/s 范围内，入口流速增大，通风量增大，包封最高热点温度降低。

### 4.7.4 结论与建议

本节采用流固耦合方式，对±800kV 干式平波电抗器进行流体场与温度场仿真计算，计算结果表明：

（1）包封温度仿真值与试验测量值吻合较好，共有 18 层包封仿真与试验差值控制在 8.07K，相对误差控制在 7.5%以内。

（2）各包封轴向温度分布规律相似，轴向长度 0～0.45m，温升速率较大，由自然对流换热系数计算公式可知，对流换热系数与特征长度正相关，该区域靠近空气流速入口，对流换热效果较差，湍流未充分发展。在 0.45～3.67m 区域，湍流发展充分，对流换热效果加强，温升较为平缓，轴向长度 3.67～3.85m 区域，温度分布呈减小趋势，主要原因各气道流过包封后汇集在一起，空气热传导作用加强，使得包封上端区域温度降低。

（3）假设入口空气流速与计算域最高热点温度呈非线性递减关系，流速在 0.5～0.8m/s，流速增大，最高热点温度降低。

建议：该型号电抗器若进行温度监测，应重点监测距离包封上端面 18cm，第 16 至第 20 层包封外表面区域。

# 第五章　特高压直流平波电抗器运行与维护

特高压直流平波电抗器运行维护研究是特高压直流平波电抗器研究的子研究之一，本章节结合特高压平波电抗器理论研究，并在此基础上，通过分析平波电抗器的仿真和试验测量结果，进行归纳总结。编者走访了北京电力设备总厂，与相关技术人员交流学习，收集整理了平波电抗器的第一手资料，实地考察了国内几个典型超高压与特高压直流输电工程，在换流站进行平波电抗器调研，与运行维护人员充分沟通，分析总结平波电抗器运行中的常见问题、维护方法等，基于此撰写了特高压直流平波电抗器运行维护研究报告，并将报告整合成特高压直流平波电抗器运行与维护这一章。

## 5.1　概述

由于特高压直流输电工程在全世界是首次建设，特高压直流平波电抗器在特高压直流输电工程中首次应用，并没有相关的国际标准和国内标准或相对的电力行业标准对其性能和工作状态进行详细的规定。而特高压直流平波电抗器由于其本身电感大、运行电压大等特点，与以往干式电抗器的运行状况有所不同。因此，在特高压直流平波电抗器的运行与维护方面，主要是参考其他干式电抗器的运行检修规范、干式电抗器的常见故障，结合实际运行维护经验，对特高压直流平波电抗器的运行维护研究及其周期做出分析。

特高压直流平波电抗器的运行与维护，主要是针对特高压直流平波电抗器运行时各项性能参数进行监测，根据测量结果决定维护周期和维护项目等，并针对出现的问题进行分析和提出解决方案。

## 5.2　特高压直流平波电抗器结构简介

当直流输电系统的电压有所升高，以及增大通流容量时，生产和运输油式平波电抗器的成本会有很大的增加，而平波电抗器则不会出现较大变化，干式平波电抗器被广泛应用于高电压大容量工程中的电抗器选择，例如向上直流工程、云广直流工程、葛上直流工程、天广直流工程。在各个直流输电工程中的干式电抗器本体结构本质上并无太大区别。此处以云广特高压输电工程中送端换流站为例对特高压直流平波电抗器结构进行简介。

平波电抗器结构简单，本体主要由线圈、星形汇流架和防电晕环等组成。为减少噪声对环境的污染，本体外壳安装了隔音罩，但这使红外测温难度加大。线圈是平波电抗器的核心元件，线圈的制作工艺为圆筒式并联多层线圈，每个直径不同，并且利用浸户外环氧树脂的玻璃丝缠绕住每层线圈，使之密封起来，为了散热通风，层与层之间留有一定空隙，所以干式电抗器采用自然风冷却方式。汇流架主要用于当做导电板，从而可以与各包封引导线相连，其设置在线圈的上下两端，每层线圈向外牵引出去，以圆周方式均匀调出，汇流排将流入并联线圈的电流汇集出去，并且连接到外接端子，这样可以保证均匀分配电流，防止出现局部电流过大，使得温度升高。

为了优化局部电场分布，增强端部线圈的冲击电场，将防电晕环设置在干式平波电抗气的上下两端，这样做也可以防止在运行过程中沿线圈表面而发生树枝放电的情况，使得运行的可靠性得到提高。

# 5.3 特高压直流平波电抗器运行分析

## 5.3.1 特高压直流平波电抗器巡视与检测

### （一）常规巡视

特高压直流平波电抗器运行时并没有遥测信息，运行人员不能通过指示灯或者数据显示来判断其运行状态，常规研究一般通过现场肉眼观察或利用望远镜观察其状态。

特高压直流平波电抗器常见问题主要有局部温升过高、匝间绝缘损坏、部件松动等。而在不考虑制作材料及工艺方面等问题的情况下，常规巡视研究主要是对风道堵塞、外绝缘表面的放电痕迹等运行时可能造成电抗器以上故障的原因进行巡视。

风道堵塞会对干式平抗的散热产生不良影响，严重时可能引起电抗器局部热点温度过高。

外绝缘表面放电痕迹会导致径向绝缘承受一定的电压，易使绕组发生匝间绝缘击穿。

为了使检查更加全面仔细，常常使用望远镜通过护栏，对电抗器的外表面进行无死角的观察。如发现裂纹或线条状炭黑痕迹应引起足够的重视，加强对电抗器的运行监督。在检查过程中，常常利用红外成像测温技术，对电抗器进行测量。假如产生了烟雾，平波电抗器将被终止工作。

假如夜晚的光线较暗，常常需要加上对干式电抗器的外表面的外观检查，此时观察的重点在于是否发生外表面放电，以及电晕发光。假如观测到放电或发光现象，需要立刻提高警惕，并且使用红外测温来进行进一步的观测。

常规检查研究有：

（1）检查是否有鸟类在平波电抗器或绝缘支架上筑巢；

（2）检查平抗本体是否有异常声响、是否有螺栓或其他部件松动；

（3）检查平波电抗器外表面是否有放电痕迹出现；

（4）检查平波电抗器外表面是否有明显不正常变色情况发生；

（5）检查平波电抗器声罩表面 RTV 涂层情况；

（6）检查整体电晕环是否有松动或发生位移；

（7）检查引拔棒有无脱落。

**（二）红外温度测量**

（1）红外成像仪原理。

红外成像仪的工作方式：被测目标会向外辐射红外线，红外探测器和光学成像物镜可以接收这种能量，并且使得光敏元件感受到形成能量分布图，然后成像获得图像，热像图上不同的颜色可以表示物体温度的高低，即准确表达物体表面的温度分布。

红外成像仪的工作原理：图像传感器（微测辐射热仪）可以检测到物体散发的红外线，记录其能量信号并转化为电信号，最终以彩色或黑白图像形式表现。

发生故障前，大多数设备会有温度升高的现象，因此可以利用这一特点，在设备工作时，使红外热像仪对其进行观测，可以快速准确地检查到设备发热，判断出是否具有绝缘损伤等其他缺陷，并且利用红外热成像，在能量分布图中及时排查安全隐患，如果检测到将有事故发生就可以将负荷进行有效转移，使故障设备隔离，进行维修修复，可以避免因此而造成的非计划停电、火灾、甚至灾难性的电网事故，有效减少故障和事故发生的频次。

红外检测技术具有如下优点。

1）红外成像检测技术可远距离、不接触测量，避免了工作人员间接接触带电体，可防止触电事故发生，即保障了测量人员人身安全，又保障了被测设备的安全。

2）能迅速直观地判断设备是否存在异常或缺陷。

3）红外成像仪检测操作轻便，在地面即可对高空部件进行检测，避免了登高作业，减轻了人员劳动强度，提高了检测速度。

（2）红外成像检测的影响因素。

1）拍摄聚焦影响。

由于操作人员是站在地面进行拍摄，有时会出现光学聚焦不准的情况，此时拍摄的图像会不清晰，不清晰的图片不利于发热点温度对比分析，也影响测量的准确性，因此在拍摄时操作人员一定要做好光学聚焦，拍摄出清晰的图片。

2）晴天阳光影响。

太阳光的影响一方面是太阳的红外热辐射，另一方面是阳光会将被测设备加热。在检测时应尽量在没有阳光的早晨、傍晚或阴天进行，同时在检测中应多变换不同的角度进行热图拍摄，最终确定设备是否存在异常。

3）不良天气条件影响。

不良的天气条件会影响红外检测结果的准确性，红外成像仪中的热图像，是物体发出的红外辐射穿过空气投射到仪器上形成的，因此仪器接收到的红外辐射量受传播路径空气的影响，空气的湿度、灰尘等都会吸收一定的红外辐射能量，所以在到达红外热成像仪时，物体的红外辐射能量会减少。为此应在良好的天气条件下进行测量工作。

4）物体辐射率的影响。

辐射率表述为物体自身发出红外辐射的能力，不同物体的辐射率不同，高辐射率的物体与低辐射率的物体在相同条件下，高辐射率的物体在红外热图上体现出的温度也就越高。为得到准确的测量结果，在进行测量时须参照《带电设备红外诊断技术应用导则》中有关物体的辐射率，正确设置被测物体的辐射率。

（3）红外温度测量注意点。

对平波电抗器运行过程中的温升进行仿真，结果如图 5.1 所示，电抗器本体内层上半部分的温度相对较高，这与电抗器的散热方式相关。因此巡视时需要特别注意电抗器内层包封上半部分的发热情况。

**（三）紫外局放检测**

（1）紫外成像仪原理。

高压设备会产生电离放电的现象，由于电场强度有所差异，电晕、闪络或者电弧的现象会发生。在电离放点现象发生时，空气中的电子会有能量吸收和释放的过程，电子释放能量是一个复杂的过程，此时会产生光波和声波的向外辐射，此外还有臭氧、声波、紫外线（UV）、微量的硝酸和电磁辐射等。

紫外成像技术的工作方式：当电子电离时会产生紫外线，通过特殊仪器可以接收这种信号，并处理为图像的形式，然后使形成的图像与可见光的光谱叠加起来，对比观察可以检测到放电的位置以及确定其强度。

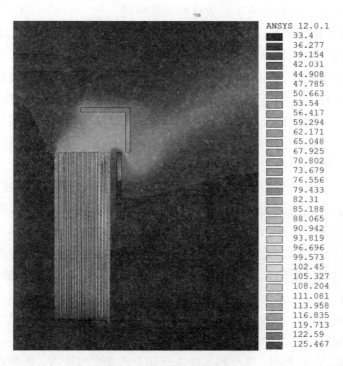

图 5.1　电抗器本体温度情况

　　紫外线通道和可见光通道是紫外线成像仪的两个主要途径。电晕成像是通过紫外线通道，给环境（绝缘体导线等）拍照是通过可见光通道。将这两种图片进行叠加，利用得到的一幅图片一起观测电晕以及周围环境，所以可以利用它达到电晕观测和确定其发生位置的效果。

　　如今国内大多采用的是红外热像等技术，只有当温度达到足够的值，即故障已经发生才能检测到，而紫外成像技术与其相比来说可以更加提前排查出设备隐患。

　　（2）紫外成像检测的影响因素。

　　因为仪器本身的限制，以及环境因素的干扰，紫外光子数会产生变化，主要的影响因素大致为所选增益、温度、检测距离、湿度、风力和气压等。

　　1）检测距离的影响。理论上说，如果有相同的电晕放电量，以放电点作为球心，向四周发射的光子，得到的紫外光子数目与距离的平方成是反比的。但是当实际检测时，该规律并不适用，在相同的距离下测量紫外的光子数是随时间而改变。通过分析可知原因：一方面电晕源与镜头所处球面的球心的位置有所偏差；

另一方面发生电晕是有一定的分散性的特点,即使每次都采用相同的检测距离,时刻不一样,发出的紫外光子的数目也不尽相同。

2)所选增益的影响。在电晕发出的光谱中紫外成像光谱并不明显,而且光学传输中间会有一定的损耗,因此最终到达板的只有极少数的光子,造成仪器的灵敏度很低。为了解决这一问题,需要在检测过程中紫外光子进入仪器光学系统时使之增加,方法为调节通道的增益,当有不同强度的紫外线进入时进行不同的调整,如果紫外线能量比较薄弱,就提高增益的设置,如果紫外线能量很强,就降低增益的设置。成像仪的增益有0~100%的调节范围,当提高增益时,图像会依次出现三个界限不明显的阶段,它们分别是点状、辐射星状和云状:①在当增益比较小时,有较大的光子数跳跃时出现点状,此时就不适用紫外检测,但是可以确定放电的具体位置;②在当增益与紫外放射源相重合时,发生辐射星状的紫外光子,其数量会稳定在一个较小的范围,仅有微小的上下浮动,具有较稳定的数量值;③在当有比较大的增益时,空气中有一些大分子会反射部分光子,而较高的增益会使这部分多余光子被检测出来,发生云状的紫外辐射,此时会出现很明显的背景噪声。

试验研究发现,当增益在40%~80%时紫外光子数相对比较稳定,此时放电区域为辐射星状。

3)气压温度的影响。气压和温度的变化会改变空气密度,影响电离过程进而影响到紫外光子数的大小。一般而言,如果其他条件相同,当气压比较低,温度比较高时,紫外光子数目会随之增大,当气压比较高,温度比较低时,紫外光子数会随之减小。通过物理知识分析,当升高温度,降低压强时,空气的密度会随之降低,此时,气体分子电离时,自由电子平均的自由行程会增大,使电子在充分的运动下,碰撞累积更多的能量,使电离得以顺利进行,从而导致降低了起晕电场的所需场强,发生了更多次电晕,此时增大了紫外光子的数目。

4)湿度的影响。紫外光子数的影响受到湿度的影响并不固定。在一些时候,增加湿度可以使电晕强度变小,比如湿润的绝缘子串,其表面电导会变大,使得有较为均匀的电压分布,从而达到降低绝缘子电晕强度的效果。但是在大多数的情况中,电晕的强度会随湿度的增加而增加,主要因为绝缘子表面有一些可溶性的污秽物,当其溶于水后,会使得泄漏电流上升,更容易在绝缘子表面形成局部干区和发生沿面放电。

5)风的影响。大风条件下,电晕放电产生的带电粒子受到风的吹拂而加速散发,对紫外成像的结果造成影响。因此,在室外采用紫外成像仪检测设备的电晕现象时,应在无风或风力很小的条件下进行。

（3）紫外成像检测标准规程。

目前的紫外成像检测仪性能已经十分优异，在敏感度、可见光影像放大度等方面都具有很高的精度，可以准确地为电晕进行定性定位。

目前，公认的较为权威的紫外检测导引是美国电力科学研究院（EPRI）制定的《架空输电线路电晕和电弧检测导则》和《变电站电晕和电弧检测指南》。导则中介绍了电晕评估的 3 种方法。

1）直接法。直接根据电晕检测仪的结果对设备的电晕状况进行评价，一般仅适用于严重故障的判断。

2）同类比较法。在同一回路的同型设备或同一设备在相同运行工况下的同一部件之间对检测结果作比较。具体做法是利用电晕检测仪获得同类设备的对应部位电晕活动产生的光子数量，然后进行纵向和横向比较，可较容易地判断出电晕放电是否在正常范围内。同类比较法操作简单，适用范围较广。

3）档案分析法。将检测结果与设备长期电晕活动所记录的数据进行比较，须建立设备电晕放电技术档案。在分析设备电晕是否存在异常时，通过分析该设备在不同时期的电晕检测结果，包括温度、湿度分布等变化情况，以掌握设备电晕活动的变化趋势，然后进行判断。

美国和以色列的专家共同编写了一个简单的判定分级导则，将光子数的强度分为 3 个等级：高度集中、中度集中、轻度集中。 3 个等级的判定和处理方案如表 5.1 所示。

表 5.1　紫外光子分级判定

| 强度 | 1min 光子数 | 结果说明 | 处理方案 |
|---|---|---|---|
| 高度集中 | 大于 5000 | 可以快速形成腐蚀或部件已严重损毁 | 马上维修或更换有问题部件 |
| 中度集中 | 1000～5000 | 有可能形成腐蚀或部件已有一定损毁 | 定下维修或更换的时间 |
| 轻度集中 | 小于 1000 | 有可能缩短部件寿命或部件可能有轻微损毁 | 继续留意电晕发展 |

注：测试条件为环境温度约 20℃，相对湿度 60%，测试距离 30m，增益设定为 100。

需要说明的是，由于光子数量受温度、湿度、检测距离等环境因素的影响，光子强度的划分范围比较宽。该分级判定导则仅供参考，不是完全通用的，但有助于促进紫外检测的定量研究。

（4）紫外局放检测注意点。

某电抗器本体的电场强度分布如图 5.2 所示，电抗器本体的上端和下端凸出部分电场值较大，电抗器本体附近的其他设备，主母线、均压环附近 1m 左右的区域内及电抗器下面支撑圆盘的边缘电场值较大。因此，在紫外巡视中，需特别注意这些部位的光子数量。

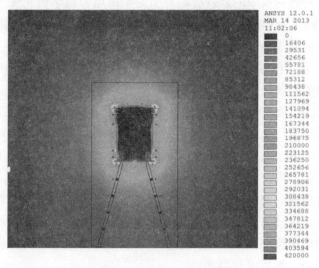

图 5.2　电抗器本体电场强度分布

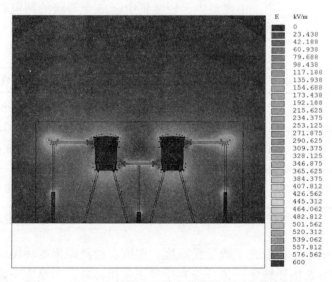

图 5.3　±800kV 斜撑式平波电抗器纵切面上的电场分布

**（四）噪声测量**

运行中应注意监测电抗器的噪声情况，可以定期在一定距离处检测噪声的变化情况。如果运行中电抗器噪声大，有异常杂音及震动，应首先怀疑电抗器的安装存在不平或者基座不稳的情况，其次要考虑电抗器内部可能发生层间短路的问题（在运行中电抗器的实际分析中发现过这种情况，由于短路点线圈的层间电位可能存在 $1\sim2V$ 的微小差异，因此从短路点至线圈端部的并联铝排会产生一个环流通路，影响线圈内部的磁场，从而产生噪声）。

### 5.3.2　特高压直流平波电抗器巡视周期

确定合理的变电站巡视周期十分重要。如果巡视周期过长，不能及时发现设备缺陷，可能导致设备故障或事故，造成经济损失；如果巡视周期过短又会造成人力物力资源的浪费。当前，巡视周期仍然主要根据运行经验进行制定。

特高压直流平波电抗器运行中会产生的故障并不多，理论上是不需要进行维护的。因此，对干式平抗的巡视只要配合换流站的日常巡视开展。

**（一）常规巡视研究周期**

由于特高压直流平波电抗器在户外运行，容易受外界各种气候环境因素的影响，需要在各方面条件允许的情况下，加强对它的巡视，配合日常巡视开展。

**（二）红外温度测量周期**

应首先对电抗器在正常情况下的温度分布进行红外测温，留取基础图谱，以后根据干抗的运行情况。干式电抗器及其电气连接部分每季度应进行带电红外成像测温和不定期重点测温。特别是在夏季高温情况下和电抗器带满负荷运行时间较长时，将测量图谱与基础图谱记性对比分析，观察干抗外表面温度分布是否出现异常变化，特别是局部的温度变化，若发现有异常过热，应引起运行人员和修试人员足够的重视，必要时退出运行，进行相应的检查和试验。

在人力及其他条件允许的情况下，应配合日常巡视开展。

**（三）紫外局放检测周期**

首先对电抗器在正常情况进行紫外局放的检测，注意其光子数量，后根据干抗的运行情况，干式电抗器及其电气连接部分每季度应进行带电紫外检测和不定期重点检测。特别是在夏季高温情况下和电抗器带满负荷运行时间较长时，观察干抗外表面是否出现光子数超标的情况，若发现异常，应引起运行人员和修试人员足够的重视，必要时退出运行，进行相应的检查和试验。

在各方面条件允许的情况下，加强对它的巡视，配合日常巡视开展。

**（四）加强巡视周期**

除配合日常巡视开展外，在以下情况时需加强巡视：

（1）在高温、低温天气运行前。

（2）大风、雾天、冰雪、冰雹及雷雨后。

（3）设备变动后。

（4）设备投入运行后。

（5）设备经过检修、改造或长期停运后重新投入运行。

（6）异常情况下的巡视。主要是指：设备发热、系统电压波动、本体有异常振动和声响。

（7）设备缺陷近期有发展时、法定节假日、上级通知有重要供电任务时。

（8）电抗器接地体改造之后。

将巡视内容及其周期列表如表 5.2 所示。

表 5.2　巡视内容及其周期

| 序号 | 内容 | 要求 | 周期 |
|---|---|---|---|
| 1 | 检查是否有鸟类在平波电抗器或绝缘支架上筑巢 | 平波电抗器表面及支架上无鸟类筑巢，且本体下方无大量动物粪便、稻草枝条等筑巢痕迹 | 不少于 1 次/1 天 |
| 2 | 检查平抗本体是否有异常声响、是否有螺栓或其他部件松动 | 检查平抗本体是否有明显异常声响，本体下方是否有掉落螺栓 | 不少于 1 次/1 天 |
| 3 | 检查平波电抗器外表面是否有放电痕迹出现 | 对高压侧及较高平波电抗器需用望远镜等设备观察 | 不少于 1 次/1 天 |
| 4 | 检查平波电抗器外表面是否有明显不正常变色情况发生 | 对高压侧及较高平波电抗器需用望远镜等设备观察 | 不少于 1 次/1 天 |
| 5 | 检查平波电抗器声罩表面 RTV 涂层情况 | 检查 RTV 涂层是否有脱落迹象，如有脱落迹象，必须及时进行局部处理 | 不少于 1 次/1 天 |
| 6 | 检查整体电晕环是否有松动或发生位移 | 若存在松动或位移必须及时进行紧固调整 | 不少于 1 次/1 天 |
| 7 | 检查平波电抗器是否有过热点产生 | 与同类设备相比温差不超过 10℃ | 不少于 1 次/1 天 |
| 8 | 紫外巡视 | 与同类设备相比，光子数相差不超过 2 万 | 不少于 1 次/1 天 |
| 9 | 检查引拔棒有无脱落 | 对高压侧及较高平波电抗器需用望远镜等设备观察，确定引拔棒有无脱落或脱落趋势 | 不少于 1 次/1 天 |

### 5.3.3　特高压直流平波电抗器运行常见问题

#### （一）安装隔音罩引起的问题

如今在运行的特高压直流平波电抗器线圈包封外安装有隔音罩，但隔音罩的存在，使得日常利用红外测温仪进行巡视时，只能监视到隔音罩外层的温度，而不能有效检测到线圈包封的温度，导致不能对电抗器的运行状态有一个准确的判断。另外，隔音罩的拆装是一项比较繁琐的工序，需要耗费较多的时间进行，在维护时也是一项问题。因此，对隔音罩是否有降噪作用，以及降噪幅度有多大，应该有一个系统的认识。在此基础上，权衡各方面因素，对隔音罩是否有必要安装进行一些探讨。

平波电抗器的噪声控制要求尽可能降低电抗器本体产生的噪声，但随着降噪效果的提高，降噪措施的成本也急剧上升，因此工程中主要采取隔音罩来降低平波电抗器噪声对环境的影响。

隔音罩的结构设计首先要求罩壁结构要有足够的隔声量，才能阻碍设备噪声向外传播，进而将噪声降低到允许声级以下。隔声罩的降噪原理及计算公式为

$$R_{实}=R+10\lg\overline{\alpha}$$

从上式可见，隔音罩的实际隔声量不仅与罩壁结构的隔声量有关，还与隔声罩内表面选取的吸声材料及吸声系数的频率特性有关。罩壁结构的隔声量越大，吸声材料的吸声量越多，隔音罩的降噪效果就越明显。

隔音罩确实起到了降噪作用，但应权衡其降噪效果与检测维护之间的利弊，决定是否安装。

#### （二）电抗器本体位置高而引起的抗震问题

在特高压直流换流站中，纯瓷支柱绝缘子的问题主要表现在以下 3 个方面：①外绝缘问题。随着运行环境的日趋恶化，瓷支柱绝缘子抗污闪能力不足。对于特高压直流电压等级，纯瓷支柱绝缘子要求很大的爬电距离，而结构过高的支柱绝缘子很难达到较强的抗震和抗弯强度。②抗地震问题。以电瓷支柱绝缘子为绝缘部件的高压设备，简称为电瓷型高压设备，这类设备的抗震问题一直难以很好地解决。在 2008 年的汶川大地震中，高压设备损坏的大部分原因是瓷套管断裂。对于特高压直流系统而言，用于平波电抗器的支柱绝缘子要求整体高度 12 m，支撑质量 40t，而换流站地点在地震多发区的云南楚雄，纯瓷支柱绝缘子要满足很高的抗震要求十分困难。③制造质量问题。瓷支柱绝缘子由于其本身工艺复杂、设备条件、原材料质量问题等限制，制造难度很大。原国家电力公司发输电运营部高压支柱瓷绝缘子事故调查工作小组在大量调研的基础上统计瓷支柱绝缘子的事

故情况，得出"造成支柱瓷绝缘子断裂，产品质量原因占大多数"的结论。以玻璃钢为芯棒、硅橡胶为有机外绝缘的复合支柱绝缘子（或称全复合支柱绝缘子）是一种性能优良的新型支柱绝缘子，是传统瓷支柱绝缘子的一种很好替代。在机械方面，玻璃钢芯棒相比瓷材料，具有强度高、抗冲击的特点；在外绝缘方面，硅橡胶有机绝缘保证了良好的绝缘性能。

±800kV 平波电抗器本体质量达 45t，支撑高度 12m，传统瓷支柱绝缘子难以满足抗震方面的要求。当前多采用复合支柱绝缘子进行支撑，其抗震特性能否满足要求是决定其能否用于支撑 ±800kV 平波电抗器的关键。

文献《特高压直流平波电抗器的复合支柱绝缘子抗震特性》采用反应谱法计算复合支柱绝缘子的抗震特性，研究的设防抗震烈度为 8 级。得出的结论为：电抗器支撑结构中各部分构件安全系数最低的是绝缘子间的过度平台，其安全系数为 2.2，高于《电力设施抗震设计规范》里规定的最低 1.67 的要求。复合支柱绝缘子的安全系数大于 20，完全满足抗震方面的要求。

## 5.4　特高压直流平波电抗器的维护

### 5.4.1　特高压直流平波电抗器日常维护

对特高压直流平波电抗器的日常维护研究主要包括：外观检查、污秽处理、电气机械连接件检查。

（一）外观检查

（1）电抗器本体外观检查。

对于停电状况下的电抗器，运行人员应进行近距离全面外观检查。检查的内容主要包括：

1）外表面是否存在环氧层开裂，表面 RTV 涂层是否发生粉化、起皮或脱落现象。电抗器本体表面涂漆层或 RTV 涂料是为了防雨、防潮和防紫外线。一旦出现表面涂层风化、起皮或脱落现象则有可能导致环氧包封因长期温度变化和紫外线照射发生开裂受潮。

2）外包封表面是否存在颜色改变、爬电和表面色泽局部不一致的异常现象。表面开裂、受潮容易导致局部电场分布不均，进而导致爬电和匝间绝缘的击穿，内部受潮发霉和内层爬电也可能导致表面局部色泽变化。

（2）绝缘子外观检查。

目前特高压直流平波电抗器的支撑结构采用复合支柱绝缘子，复合绝缘子老化后能看见明显的变化，外观检查和伞盘硬化检查是检测复合绝缘子劣化、老化非常直接和有效的手段。因此将外观检查和伞盘硬化检查作为评估复合绝缘子运行状态和老化程度的评估指标之一。

1）外观检查指标评估分级（见表 5.3）。

表 5.3　外观检查指标评估分级表

| 评估等级 | 伞群及护套表面 | 伞群及粘接部位 | 端部金具连接部 | 端部金具 |
|---|---|---|---|---|
| 优良 | 表面无裂纹、无腐蚀、粉化、无漏电起痕和电弧烧伤痕迹、呈硅橡胶橙红色 | 伞群无变形、粘接部位无脱胶 | 端部金具连接很牢固，无滑移，密封良好 | 钢脚和钢帽无锈蚀、弯曲、无电弧烧痕 |
| 一般 | 表面有细小裂纹深度不超过0.1mm，表面腐蚀、污染、电弧烧痕面积不超过绝缘子总面积1%，橙红色局部呈黑色污斑 | 小于 10%的伞群有轻微变形，粘接部位无脱胶 | 端部金具连接比较牢固，无滑移，密封性比较好 | 钢脚和钢帽无弯曲、无明显锈蚀和电弧烧痕 |
| 预警 | 表面有裂纹深度超过 0.1mm但小于 1mm，表面腐蚀、污染、电弧烧痕面积不超过绝缘子总面积 5%，橙红色有明显黑色污斑 | 大于 10%，且小于 30%伞群有较严重变形，粘接部位有少量脱胶痕迹 | 端部金具连接有轻微滑移，密封性无明显破坏 | 钢脚和钢帽有轻微弯曲，锈蚀和电弧烧痕不超过总面积的 5% |
| 退出 | 表面脆化、粉化严重，开裂深度超过 1mm，表面腐蚀、污染、电弧烧痕面积超过绝缘子总面积 5%，大面积呈现黑色污斑 | 超过 30%伞群有严重变形，粘接部位脱胶痕迹严重 | 端部金具连接有明显滑移，密封破坏严重 | 钢脚、钢帽有明显弯曲，锈蚀和电弧伤痕严重，甚至有破损 |

2）伞盘硬化检查。

伞盘硬化检查主要用于检查运行一段时间的复合绝缘子受外界因素影响后伞群和护套材料是否有变硬、变脆现象。伞盘硬化检查评估分级见表 5.4。

表 5.4　伞盘硬化检查指标评估分级表

| 评估等级 | 伞盘翻折 | 绝缘子跌落 |
|---|---|---|
| 优良 | 伞盘编码柔软有弹性，无硬化，翻折过程中伞群无变形，无裂纹 | 绝缘子跌落后无断裂、破损痕迹，伞群和护套无明显裂纹和变形，金具和芯棒无损坏 |
| 一般 | 伞群表面柔软有弹性，有局部轻微硬化、翻折过程中伞群有轻微变形，但可以恢复，裂纹不明显 | 绝缘子跌落后无断裂、破损痕迹，伞群和护套有轻微裂纹和变形，金具和芯棒无明显损坏 |

续表

| 评估等级 | 伞盘翻折 | 绝缘子跌落 |
|---|---|---|
| 预警 | 伞群表面有一定程度硬化、脆化痕迹、翻折过程中伞群变形严重，但可以部分恢复，裂纹较深，弯折过程未断裂 | 绝缘子跌落后未断裂，伞群和护套有较深裂纹，变形比较严重，金具有较明显损坏 |
| 退出 | 伞群表面大面积硬化，且硬化严重，90°上下弯折3次或180°对折伞群一次后发生断裂 | 绝缘子跌落过程中芯棒或端部金具发生断裂，多端部金具未发生断裂但多出伞群发生撕裂 |

（3）其他外观检查。

1）干式电抗器的金属围网、支架、围栏、基础内钢筋、接地导体应开环连接且与主地网连接；

2）干式电抗器围栏与主接地网必须可靠连接；

3）支柱绝缘子应进行可靠的接地，且接地线不能构成闭合回路；

4）检查防雨罩、隔音罩是否安装牢固，检查隔音罩表面憎水性涂料是否劣化，隔音罩表面是否有碳化痕迹；

5）检查撑条及引线，保证撑条无错位，引线接触良好；

6）检查避雷器外表面瓷绝缘是否有损伤；

7）检查避雷器计数器动作次数，与以往数据进行比较；

8）检查安装基础是否牢固。

（二）污秽处理

特高压直流平波电抗器设计在户外运行，电抗器及支柱绝缘子的表面都会受到污秽的影响，特别是线圈夹层十分容易积污藏垢。防雨罩和隔音罩无法防范浓雾和斜风细雨，这些天气现象比雨水更具危险性。

在输变电设备的外绝缘设计时，常依据各地区的污秽等级采用爬电比距法。绝缘污秽度不仅与积污量有关，还与污秽物的化学成分有关。通常采用"等值附盐密度"（简称等值盐密）来表征绝缘子表面的污秽度，其指的是每平方厘米表面上沉积的等值氯化钠毫克数。等值盐密是污级划分中唯一可定量进行描述的方法，可以较好反映绝缘子表面的污染程度。盐密测量能反映这一地区电网的污秽状况，可进一步分析该地区绝缘子的积污规律，为防止发生污闪事故提供依据。

（1）总结±500kV直流工程换流站的运行经验，主要有：

1）换流站外绝缘运行的主要问题在直流场设备。即使直流场设备的爬电比距已经接近甚至是超过了交流场设备的两倍，仍不能完全保证其安全运行，直流场设备的运行情况，需引起特别的关注。

2）喷涂 RTV 涂料是防止换流站外绝缘闪络的有效措施。我国多个±500kV
直流工程换流站的直流场设备都进行过喷涂 RTV 涂料来加强外绝缘的工作，效果
良好，喷涂 RTV 涂料后的支柱绝缘子爬电比距选取可以适当降低。平波电抗器支
柱绝缘子直接承受最高电压，在喷涂 RTV 涂料后，就可以选取较低的爬电比距，
从而降低绝缘子高度，使其能够满足机械性能要求。

（2）对平波电抗器的污秽处理主要针对电抗器本体、隔音罩、防雨罩、支柱
绝缘子、电抗器并联避雷器的外绝缘。

1）定期清扫。

定期进行清扫和保证清扫质量是保证绝缘子抗污能力的有效手段之一。冬季
少雨时期设备自洁能力下降，积污现象较为严重，若持续出现大雾、溶雪、酸雨
等恶劣天气，容易引发污闪事故。因此应定期进行清扫，特别在久旱时期。对于
污染严重地区，对重点线路的清扫应在污闪易发生时段的前 1 至 2 个月内进行。
定期清扫周期可根据每年试验监测到的盐密值，结合经验和气象条件合理确定。
同时要建立严格的管理和监督体系以确保维护工作的质量。

2）带电水洗。

目前，国内对电力设备的清扫大多数在停电状态下进行。为保证不间断供电，
常造成部分设备无法按期清扫，导致积污严重而埋下污闪隐患。近年来带电清扫
工作日益受到重视。在每年污闪的高发时段前对积污严重但无法停电进行清扫的
设备进行带电清扫，不仅可以避免停电，而且可保证设备有良好的绝缘性能，有
效提高了设备的抗污闪能力。带电清扫的方法主要有带电水冲洗和带电机械干清
扫等。带电水冲洗受到周围带电设备位置及其防水能力的限制；带电机械干清扫
通过高速旋转的毛刷进行清扫，安全性较高。目前已研制开发成功了多种机械干
清扫产品，但目前一些带电清扫机较重，要达较好清扫效果还需要积累经验和
操作人员的仔细认真地工作。

**（三）电气、机械连接件检查**

（1）检查引线是否接触良好，连接引线无变色。

（2）检查接地网及引线是否完好。

（3）检查支柱绝缘子是否牢固，金属部位无锈蚀，支架牢固无倾斜变形，无
明显积污。

（4）检查螺栓是否紧固，需用扳手进行检查。

### 5.4.2  特高压直流平波电抗器日常维护周期

对平波电抗器的维护需要在停电状态下进行，因此若维护周期过短，会频繁

造成电力设备停电，影响电网结构运行的稳定和可靠，同时造成人力、物力的浪费；若维护周期过长，会为设备缺陷失察增加可能，增加了故障概率。

平波电抗器的故障概率较低，连续短时间内进行维护几乎没有必要，而且停电维护工作往往集中在春季，工作量十分巨大，很难对所有设备进行仔细的诊断，维护工作不够完善。

而停电维护周期，应以设备健康状况作为衡量标准，维护周期过长，将增加电抗器的故障概率。

由于对电抗器的日常维护内容并不需要耗费许多人力、物力，因此可以适当缩短其日常维护周期，将日常维护的周期定为 1 年一次。

另外，干式电抗器的维护周期决定于电抗器的运行环境、当前及往年运行状况和预防性试验等情况。

将日常维护内容及其周期列表如表 5.5 所示。

表 5.5　电抗器维护内容及其周期

| 序号 | 内容 | 要求 | 周期 | 备注 |
|---|---|---|---|---|
| 1 | 对电抗器内部各风道进行检查 | 检查风道落尘情况及是否存在异物 | 不少于 1 次/年 | |
| 2 | 对绝缘子伞面进行检查 | 检查绝缘子伞面是否有裂纹、破损 | 不少于 1 次/年 | |
| 3 | 对平波电抗器整体螺栓进行检查 | 检查平波电抗器是否有松动、锈蚀现象 | 不少于 1 次/年 | |
| 4 | 对平波电抗器接地构件进行检查。 | 检查平波电抗器接地构建是否良好，接地电阻是否超标 | 不少于 1 次/年 | |
| 5 | 对平波电抗器线圈上下出线头进行检查 | ①检查平波电抗器线圈上下出线头有无松动；②检查线圈上端否曾有漏雨迹象 | 不少于 1 次/年 | |
| 6 | 对平波电抗器噪声罩进行检查 | 检查噪声罩泄水孔是否畅通 | 不少于 1 次/年 | |

### 5.4.3　特高压直流平波电抗器性能检测

（一）直流电阻测试

特高压直流平波电抗器绕组采用多股导线平行绕制，形成多层同心式圆筒形线圈，导线采用绝缘性能良好的多层聚酯薄膜进行半叠绕包，所有导线引出线焊接在的铝质星形支架的接线臂上，由于采用了并联平行绕制技术，电抗器绕组只承受匝间电位差，因而可在户外安全可靠运行。平波电抗器多层并联线圈可等效为 N 个不同阻值的电阻并联，如图 5.4 所示，从等效电路可知，导线断股会改变线圈的直流电阻值。

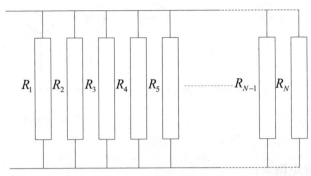

图 5.4　电抗器等值电路图

根据导线截面积和截面积与载流量的关系，同时考虑到电抗器运行时的高温及其他一些关系，在已知导线截面积的情况下，简单并联导线根数 N 可按下式估算：

$$N = \frac{I_N}{3.6 \times S}$$

式中，$I_N$—电抗器的额定电流（A）；$S$—绕制电抗器所用铝导线的平均截面积 $mm^2$。

假设绕制电抗器线圈的每根铝导线的电阻均为 R，并假设导线数为 100，则并联后阻值为 R/100，当有一根导线断裂时，其阻值将变为 R/99。

目前平波电抗器判断标准中要求，与同类设备横向比较，相差在±2%范围内。

**（二）电感测试**

运行中的平波电抗器串联在直流回路中，其工作电流为直流系统额定直流电流。整流装置在整流或逆变过程中产生的大量谐波尽管经过多级滤波，仍有较大成分的谐波电流存在。为抑制谐波对直流系统的影响，平波电抗器要有一定的电感值，这个电感称增量电感。

特高压直流平波电抗器没有铁芯结构，不存在铁芯饱和的问题，磁化特性是线性的。其增量电感可以在任何频率和电流下进行测试。首先用电阻测试仪测试线圈直流电阻 $R_d$，然后按图 5.5 线路测试其中电流 $I$，电压 $U$ 和频率 $f$。则其阻抗 $X_L = \sqrt{\left(\frac{U}{I}\right)^2 - R_d{}^2}$，增量电感 $L_{dn} = \frac{X_L}{2\pi f}$。

测试一般在工频电压下进行，可不采用电压、电流互感器，从仪表盘直接读数。

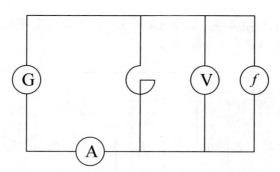

G—高频交流电源　A—电流表　V—电压表　L—被试电抗器 $f$—频率计

图 5.5　电抗器增量电感测试线路

## （三）绝缘电阻测试

绝缘电阻是在绝缘结构的两个电极之间施加的直流电压值与流经该对电极的泄漏电流值之比。即 $R = U / I$，常用单位：（MΩ）兆欧。

在绝缘介质两端施加直流电压，介质中将流过电流。这个电流分成三个部分：由介质电导决定的漏导电流、由快速极化效应决定的电容电流和缓慢极化效应决定的吸收电流。其中漏导电流与时间无关，电容电流持续时间极短，吸收电流随加压时间逐渐衰减，时间常数与试品电容量有关，电容量越大，衰减时间越长。此外，吸收电流还受介质的受潮情况影响，吸收电流与时间的关系曲线称为吸收曲线。不同介质的吸收曲线不同，同一介质在受潮或绝缘有缺陷时的吸收曲线也不相同，因此，可通过分析吸收曲线来判断介质绝缘性能的好坏。

绝缘电阻测试操作简单，易于判断。通常采用兆欧表进行测量。根据试品 1 分钟绝缘电阻值的大小，可判断绝缘是否存在贯通性的集中缺陷、整体受潮或贯通性受潮。只有当绝缘缺陷贯通于两极之间，测得的绝缘电阻才会发生明显变化。若只是局部缺陷，绝缘电阻值降低很小，甚至不发生变化，因此局部的缺陷无法通过这种方法进行检测。

一般采用兆欧表进行测量，绝缘电阻测试接线如图 5.6 所示。

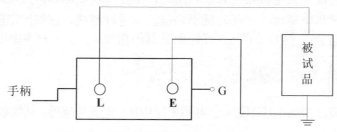

图 5.6　用兆欧表测量绝缘电阻接线示意

（1）绝缘子绝缘电阻测试。

绝缘子在运行中由于受到电压、温度、机械力以及化学腐蚀等作用，绝缘性能会劣化，因此对绝缘子进行检测并及时采取相应措施是保证系统安全可靠运行的一项重要工作。

测量绝缘电阻可以发现绝缘子是否存在明显缺陷，绝缘良好的绝缘子绝缘电阻值很高，劣化绝缘子的绝缘电阻值明显下降，仅为数百兆欧，数兆十欧甚至几兆欧。

（2）套管绝缘电阻测试。

测量绝缘电阻可以发现套管瓷套开裂、本体严重受潮及测量小套管绝缘劣化、接地等缺陷，由于套管的受潮总是从最外层开始，因此测量小套管的对地绝缘电阻具有重要意义。

（3）影响绝缘电阻测试的因素。

影响绝缘电阻测试的因素主要有：①温度的影响，一般情况下，绝缘电阻随温度的升高而降低；②湿度和设备表面脏污的影响，湿度和积污会极大降低绝缘电阻值；③残余电荷的影响，残余电荷会造成绝缘电阻偏大或偏小；④感应电压的影响，感应电压强烈时可能损坏绝缘电阻表，或造成指针乱摆无法读数。

**（四）耐压测试**

干式电抗器由于其绝缘结构的特点，为了考验其匝间和层间的完好性，根据美国国家标准 ANSIC57.21－1981 的规定，需进行匝间耐压的例行试验（亦称匝间过电压耐受试验）。这种试验对匝间绝缘来说，是一种非常严格和有效的试验方法。

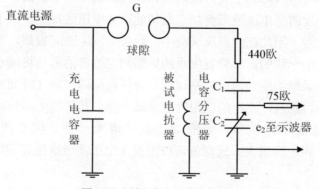

图 5.7　匝间耐压试验接线图

试验接线如图 5.7 所示。充电电容器 C 由直流电源重复地进行充电并通过球隙 G 向被试电抗器 L 重复地放电。当 C 的电压充电到 G 的整定值 $V_G$ 时，球隙即行击穿并向电抗器绕组放电。在放电过程中，作用于绕组上的过电压 $V_L$ 系一衰减的高频振荡正弦波：

$$V_L = V_G e^{-\delta t} \sin \omega' t$$

式中：衰减系数 $\delta = r/2L$ 。

放电回路的自振角频率 $\omega' = \sqrt{\dfrac{1}{LC} - \dfrac{r^2}{4L^2}} \approx \sqrt{\dfrac{1}{LC}}$ ， $r$ =放电回路（包括电抗器）的等值电阻（欧）；$L$=干式电抗器的电感（亨）；$C$=充电电容器的电容（法）。

这种过电压能够代表运行情况下可能出现的操作过电压，如操作电抗器引起的过电压。由于放电回路的阻尼作用，过电压波一般在几百微秒内已全部衰减殆尽。如果充电回路按照在工频半周波内能使电容器充足并完全放电的条件设计，则在一分钟的试验时间内，就足以产生 6000 次（对 50Hz）的过电压。典型的过电压减幅振荡频率的数量级约为 100kHz 左右，在这种频率范围内，沿电抗器绕组的电压分布基本上是线性的，因此绕组的所有匝间绝缘几乎都承受同样的过电压，这与冲击试验时过电压集中在端部的情况是不同的。

电抗器上的过电压用电容分压器 $C_1/C_2$ 和示波器进行测量。图 5.7 中 440 欧的电阻系用于抑制波头起始部分的振荡，电容分压器的低压电容是可调的，以便获得最大的示波器输入电压 $e_2$ 。

在试验过程中，由于充电电容器向被试电抗器多次放电倾注了较大的能量，如果发生任何匝间短路，则大部分的能量将注入短路匝而使它达到很高的温度，引起噪音、烟气或火花放电等现象，可据此进行故障判断。

更灵敏的检验故障的主要方法是检查和分析摄录的示波图。在示波图上，可以看到最后一次的全电压波形叠加在最初的降低电压波形上。由于降低电压的试验不会导致故障，因此在全电压试验中，如果未发生匝间短路，则两个波形除幅值不同外是完全一致的。如果发生匝间短路则电抗器的阻抗将减小而导致全电压波的减幅振荡频率的增高，也就是说，全电压波与横坐标（时间轴）的交点将有所改变。此外，具有短路匝的绕组除电感减小外，其等值电阻还将显著增大，例如具有一匝短路的电抗器，其有效损耗约增大一倍。因此放电回路的阻尼（$\delta = r/2L$）也相应增大。这样就可以根据全电压波包络线衰减率的改变以检验匝间故障。

干式电抗器的绕组绝缘，在运行中经常受到电磁力引起的振动。户外电抗器的绝缘表面，还受到雨、雪、雾、日光和污秽等侵蚀。此外，还可能遭受因开关操作而引起的过电压。随着运行时间的延续，环氧树脂绝缘可能发生不同程度的老化，造成匝间绝缘短路。

鉴于干式电抗器目前还缺少灵敏的保护匝间短路的继电保护装置或监控装置，而在运行中基本上又不进行绝缘预防性试验，如果电抗器发生故障，不仅造成电抗器本身的损坏，而且还可能影响系统的正常运行。因此建议在运行中结合大修，有重点地对干式电抗器进行匝间耐压试验。试验电压可采用出厂试验电压值的 75%左右。故障检验用的降低电压值可采用试验电压值的 25%。

### （五）损耗测试

电抗器的有功损耗是一项重要的电气特性参数。由于有功损耗的存在，电抗器在运行过程中将消耗电能，产生热量，电抗器运行温度升高直接影响其特性和使用寿命。另外，具有短路匝的绕组除电感减小外，其等值电阻还将显著增大，这将导致具有匝间短路故障的电抗器，其有效损耗会增大。因此可通过损耗测试判断电抗器匝间短路情况。因此，无论从经济运行，还是从安全生产角度来看，电抗器有功损耗值的大小均是十分重要的。

干式电抗器的损耗值一般很低，其功率角很小，采用瓦特表法是无法进行准确试验测量的，一般均需采用电桥法进行测量。

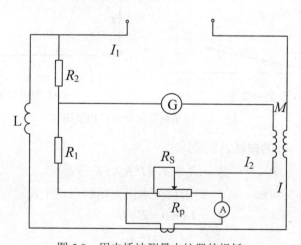

图 5.8　用电桥法测量电抗器的损耗

电桥法的接线如图 5.8 所示，图中 L 为被试电抗器；M 为精密互感，$R_1$、$R_2$ 为无感电阻；$R_p$ 为可调电阻。

当调整电阻 $R_p$ 而使检流计 G 电流为零时，由电桥平衡条件，则

$$I_1 = I_2$$

$$I_2 R_2 - \frac{1}{k} I R_S - j\omega MI = 0$$

式中，$k$ 为互感线圈变比。

由相量图 5.9（a）可知，电抗器 L 及 $R_1$、$R_2$ 的总损耗为 $P' = U_1 I \sin \varphi$。
由于 $\delta$ 值很小，所以

$$\sin \delta \approx \tan \delta = R_S / k\omega M$$

$$I_2 R_2 = \omega M I$$

$$U_1 = I_2 (R_1 + R_2) = I_2 R_2 \frac{R_1 + R_2}{R_2}$$

$$P' = I^2 \frac{R_1 + R_2}{R_2} \frac{R_S}{k}$$

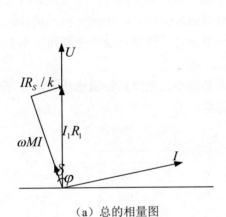

（a）总的相量图　　　　　　　　（b）电流相量图

图 5.9　电桥测量法测量的相量图

扣除在 $R_1$、$R_2$ 的损耗 $P_d$，则

$$P = P' - P_d = (R_1 + R_2)(I^2 R_S k / R_2 - I_2^2)$$

由图 5.9（b）可知，当 $P'$ 测出后可求出无功和有功电流

$$I_x = I \sin \varphi = P' / U_1$$

$$I_r = I \cos \varphi - I_1$$

由此可测出阻抗三角形参数角

$$\varphi_1 = \tan^{-1} \frac{I_x}{I \cos \varphi - I_1}$$

### 5.4.4　特高压直流平波电抗器维护常见问题

#### （一）干抗本体匝间短路

匝间短路主要是由制造工艺及材料方面的原因造成的，包括：外绝缘表面龟裂、粉化、绝缘性能下降；焊口缺陷过热、绕组毛刺、绝缘气泡等缺陷造成的匝

间绝缘损坏。这些原因最终引起匝间短路而形成闭合回路，在电磁感应作用下产生很大的环流，使铝线温度迅速升高并熔化（形成较大的熔洞或局部导线熔化）若故障点在包封中，则会产生火焰并迅速向气道两侧喷出，导致电抗器烧损。

（1）绝缘材料表面性能劣化。

绝缘材料表面性能劣化的表现有绝缘表面龟裂、粉化、表面性能下降及高温下流淌等。造成这种缺陷的原因有材料选择不当和配方及固化工艺不当等。

干式空心电抗器的外绝缘为环氧树脂在室温或中温条件下固化成型，固化速度受固化剂、促进剂、周围环境的影响较大，相同的配方、工艺也可能因固化剂、促进剂活性的差异，环境温度、湿度的差异而导致成品树脂料性能差异很大。固化不好的树脂料中存在大量的低分子基和交联不完全的分子键链，它们在光、水及其他物质的作用下，容易发生水解及重新反应、组合的过程，进而导致电抗器绝缘表面出现龟裂、粉化和表面性能下降。

处理措施：龟裂、粉化、表面性能下降等劣化现象都是浅表性的，一旦发现应尽早进行处理，避免劣化加重形成不可逆的劣化。可用砂纸打磨以清除发生龟裂、粉化的表面材料，再用无水溶剂（如无水乙醇）认真进行清洗，然后在表面涂刷耐气候性能优良并与基材相容性好的漆或涂料即可。

（2）匝间绝缘损坏。

造成干式电抗器匝间绝缘损坏的主要原因有以下几方面：

1）材料质量及工艺方面。

①电抗器设计时，为了尽可能使导线与绝缘材料膨胀系数相近以避免产生绝缘开裂，通常选用铝线而不选用铜线，因为铜线膨胀系数与绝缘材料相差较大，易开裂。空心电抗器采用铝线进行绕制，铝线可能存在起皮、夹渣、毛刺等缺陷，或在绕制过程中引起铝线损伤；这些有可能引起运行中导线断线、放电损伤匝间绝缘。

②目前空心电抗器绕制基本采用湿法绕制，即电磁线及玻璃纤维等绝缘填充材料经过未凝胶固化的环氧树脂浸润后一起绕制，绕制完成后置入高温烘炉进行固化。这种方法对环境的温度、湿度要求较高，绕制中控制不严容易吸潮及带入杂质。

③室温固化的电抗器发生局部过热或存在焊口不良等缺陷时，在高温作用下看似已经固化良好的树脂可能融化流淌并重新固化。且这个固化过程是永久且不可逆的，在固化前绝缘内部因树脂融化形成空泡，容易造成匝间绝缘的破坏。

2）运行方面。

①电抗器在运行过程中如果线圈温度过高，将加速匝间绝缘材料的热老化，

材料弹性、韧性下降，长期过热将导致匝间绝缘材料变脆，完全丧失机械强度，在导线与绝缘材料之间生成间隙，使导线因受到电磁力作用而产生振动的幅度变大，导线长时间大幅度的振动会使本来已经变脆的匝间绝缘材料产生裂纹甚至粉化。

匝间绝缘材料的裂纹和粉化会产生两方面的问题：一方面，导线失去对原来匝间绝缘材料的约束，容易发生移位而发生匝间短路；另一方面，绝缘材料的裂纹和粉化使水分进入到线圈，在导线匝间形成导电通道而发生匝间短路。

②导线之间、导线与绝缘之间存在间隙或缺陷，在高电场环境下容易发生局部放电（在线圈端部、线圈引出线区域最为严重），放电引起匝间绝缘的老化，最终导致绝缘因受到外界过电压、过电流的冲击作用而击穿。此外，由于冲击波在绕组中传播时还会发生折射、反射现象而产生振荡，某些线匝在振荡过程中可能产生较高的电压，从而发生匝间绝缘的击穿。

③电抗器采用的环氧树脂外绝缘材料具有亲水性，在雨天或潮湿天气下，材料表面容易形成水膜，使表面泄漏电流明显增大。同时，线圈由于存在对地电容和匝间纵向电容，使电抗器电压分布不均匀，两端场强很高。污秽、受潮状态下的电抗器两端首先产生小电弧，破坏了局部表面特性，逐步发展成较大的放电通道。在潮湿区域烘干又润湿的反复过程中，电弧持续发展，最终导致绝缘损伤而发生匝间击穿短路。

处理措施：

①从制造厂角度考虑，电抗器制造过程中应加强工艺控制，避免导线夹渣、毛刺、焊接质量不良等发生。

②对于过热而引起树脂流淌的问题，应加强监视巡查，在过热点出现细小的圆形颗粒状树脂料时就要加以重视，尽早同生产厂家联系处理，避免故障进一步扩大。

### （二）干抗本体异常发热

电抗器在运行时热点温度过高，绝缘材料耐热等级偏低时，在长期热效应积累下，会加速聚酯薄膜的老化，造成局部过热鼓包，绝缘损坏。同时，绝缘老化会使污秽容易在外包封开裂处侵入，造成匝间短路继而引发事故。

造成电抗器局部过热的原因主要有：

（1）温升的设计裕度较小，设计值接近于规定的温升限值。

（2）接线端子与绕组焊接位置由于焊接质量问题产生附加电阻，焊接电阻产生附加损耗，使接线端子处温升过高。此外，焊接时接头设计不当、焊缝深宽比太大，焊道太小，热脆性等原因产生的焊缝和金属裂纹都将增大焊接电阻。

（3）铝材料是在铝锭熔化后连续浇铸而成，该过程中，熔渣、飘起的氧化铝等杂质容易被浇铸到铝盘中去，杂质的电阻率较高，造成电抗器各线圈电阻不均匀，使线圈电流分布不均匀，运行时易发生局部过热现象。

铝导线内部的杂质，也会引起导线的导电有效截面积减小，从而造成导线局部的电流密度过大，长期运行也容易引发局部发热问题。

（4）干式空心电抗器本体由多个包封组成，在设计和工艺两方面上都会造成包封电流密度不同，从而使包封发热不均匀，导致局部过热。

（5）运行中会存在电抗器在高于额定运行电压下运行的情况（此电压低于系统最高运行电压），此时若设计导线的电流密度选得过大，将会使电抗器各包封温升升高，引起整体发热；若存在异常热点，将可能导致匝间绝缘损坏直至电抗器损坏。

（6）断线也会导致电抗器的温升异常：因电抗器为多根导线并绕结构，断线后电抗器各包封导线中的电流将重新分配。某根导线断线后，剩余导线中某根导线电流值将上升，继而导致发热量增加。因此，断线后个别包封将出现温升异常，包封温升异常后，将使匝间绝缘迅速劣化，引发电抗损坏。

断线的部位主要有包封外部引出线断线与包封内部断线。包封外部断线的原因主要有运输、安装过程中导线被碰损或导线焊接质量不良引起。包封内部断线的原因可能为导线夹渣、起皮，在运行中局部过热而熔断；或导线匝间绝缘不良，在运行中匝间放电而使导线受损直至断线。

（7）在运行过程中，如果电抗器的气道被异物堵塞，造成热量堆积，也会引起局部温度过高甚至着火。

处理措施：

①设计、制造部门应提高自身的工艺水平，合理设计电抗器温升水平，有效控制导体内电流的不均匀性，从根本上杜绝电抗器损坏发生。同时，制造厂应合理选择设计裕度，避免在系统电压较高下包封出现异常温升而损伤绝缘情况发生。

②应注意电抗器采用的绝缘材料是否具有足够高的耐热等级，避免绝缘材料过早出现热老化现象。

③加强电抗器的维护，采用红外测温法以监视其发热情况及发热部位，由于电抗器采用自然冷却方式散热，在运行过程中，内层包封上半部分的温度最高，因此需要特别监视这一区域的发热情况。

④定期开展直流电阻测试，判断依据主要根据所测电阻值与出厂值的偏差推算并联导线中是否存在断线及断线的根数。结合制造厂的计算，通常导线断线一根直流电阻偏差接近1%；并结合纵向、横向比较进行判断，以提高判断的准确性。

⑤在维护中需要加强电抗器外部引线断线的检查，发现断线时应及时补焊。

⑥搭大棚以改善通风条件，改善电抗器运行时的环境温度。

### （三）干抗本体绝缘老化

平波电抗器的隔音罩、防雨罩、支柱绝缘子等在长期运行中，由于受到电压、温度、机械力以及化学腐蚀等作用，绝缘性能会发生劣化。

外绝缘材料老化容易使电抗器表面产生放电痕迹，放电痕迹的产生不仅使表面容易发生闪络，而且导致包封内绕组的电位分布同电抗器表面的电位分布不一致，使原来基本不承受电压的径向绝缘也承受一定的电压，使绕组易发生匝间绝缘击穿。

处理措施：对因绝缘老化形成的电抗器外表层粉化、开裂和爬电痕迹等问题，可用砂纸打磨以清除龟裂、粉化等劣化的表面材料，再进行认真清洗，清洗用无水溶剂（如无水乙醇）为佳，然后再采用 RTV 涂料进行修补。

### （四）周围金属件异常发热

由于平波电抗器没有铁芯，其在运行时，电抗器周围空间存在强大的磁场。若磁场分布范围内存在较大铁磁物质或闭环金属体就将产生漏磁。

在电抗器轴向埋设有接地网，径向有构架、遮栏等其他设备，都可能因金属体构成闭环产生较严重的漏磁问题，在现场难以彻底解决。

一般而言，在磁场范围内若只有较大铁磁物质而不存在闭环回路，漏磁问题不会很严重；若有闭环回路存在，如地网、构架、金属遮栏等，其漏磁将感应产生高达数百安倍的环流。电磁环流和涡流的存在，不仅使电抗器有功损耗增加、温升增高，同时也改变了周围的磁场分布，对电抗器本身的性能参数也造成一定影响。如果径向存在闭环回路，将使电抗器绕组过热或局部过热，类似于变压器二次侧短路情况，如是轴向存在闭环回路，将使电抗器绕组电流增大和电位分布发生改变，总而言之，漏磁问题并不能单纯地认为只是发热或增加损耗。

处理措施：

①在磁场抑制范围内，勿使用铁磁性金属构件，更不能使其形成闭环回路，电抗器下面的支撑件和支柱绝缘子的金属部件采用无磁性金属材料，连接螺栓也要采用非磁性材料的绝缘套管螺栓。

②确保电抗器与围栏间的距离满足规范要求，避免强磁场对围栏产生影响，防止围栏发热。

③围栏高度应尽量达到电抗器中部，以减小电抗器产生的磁场垂直穿过围栏的概率，抑制感应电流。

④围栏为固定连接时，固定连接片应采用绝缘材料，以对闭合环流进行分割，减小环流电流，防止围栏发热。

⑤对于封闭围栏，在构架的金属连接处加垫环氧树脂绝缘板，防止金属围栏构架形成闭合回路。

⑥对于已构成闭合回路的围栏，可将一个闭合导体分割为多个小的闭合面，由于感应电流相位相同，闭环导体内部，电流相互抵消，从而减小环流。

## 5.5 特高压直流平波电抗器故障分析及处理措施

### 5.5.1 过电压导致绝缘击穿

在正常运行过程中，电抗器的匝间绝缘能承受数千伏到数万伏的电压，匝间不会出现明显的电老化，但在承受操作过电压和雷电过电压时，由于过电压幅值大，波头较陡，在匝间产生的非均匀电压很有可能超过匝间绝缘的耐压极限而被击穿。

（1）操作过电压。

直流系统的操作过电压和暂态过电压是由交直流系统的各种操作或故障引起的，操作和故障将在换流站的交直流设备上产生过电压，对交直流设备的操作冲击绝缘水平的选择起到决定性的作用。

直流系统暂态过电压的产生机制，即电磁暂态过程，与交流系统的有所不同。所以，其过电压的波形（持续时间）和幅值与交流系统是不同的，其持续时间可长达数十至上百毫秒。此外，直流系统暂态过电压幅值和持续时间的影响因素除操作和故障的种类外，还与避雷器的保护水平、直流控制保护等有关。

计算研究结果表明，逆变侧交流最后一台断路器跳闸（甩负荷）操作，在换流站交、直流设备上产生的操作过电压值较高。并且导致换流站交直流侧过电压幅值、持续时间和避雷器能耗大小与直流保护方式、动作时间及保护方式的配合均有关。可采用逆变侧投入旁通对后整流侧移相闭锁或切除全部交流滤波器后直流闭锁的保护方式，也可同时采用这两种措施进行限制。

（2）雷电过电压。

直流侧设备的雷电过电压是由雷电绕击到直流（含接地极）线路导线或雷击直流（含接地极）线路杆塔反击造成的雷电侵入波，经线路传播的。来自直流输电线路的雷电侵入波，首先由线路避雷器进行限制，传播到直流设备上的雷电过电压由相应位置上的避雷器加以限制。由于换流变压器和平波电抗器的屏蔽作用，换流变阀侧设计中一般可不考虑雷击引起的过电压。接地极线路的雷电侵入波，主要由中性母线避雷器和接在中性母线入口处的冲击吸收电容器加以限制。冲击吸收电容器对于类似雷电冲击这样的陡冲击波具有明显的抑制效果。

直流系统有多种运行方式，主要有：单极大地返回运行方式、双极大地返回运行方式、单极金属返回运行方式。根据防雷计算结果，在单极金属返回运行方式下，由于直流输电线路绝缘水平较高，当雷电侵入波来自金属返回的直流线路时，会在中性母线上产生较高的雷电过电压，而中性母线的绝缘水平一般较低。所以在中性母线的防雷设计时应特别注意单极金属返回运行方式下的雷电侵入波。与交流侧类似，直流侧避雷器的安装位置也应通过防雷计算来确定，以得到最优的防雷效果。

（3）绝缘配合原则。

直流输电工程中，暂态过电压和雷电过电压均主要通过金属氧化物避雷器（MOA）加以抑制。

直流换流站绝缘配合的一般方法与交流系统绝缘配合的方法相同，均采用惯用法。即在电气设备上可能出现的最大过电压与惯用的基本雷电冲击绝缘水平（BIL）和基本操作冲击绝缘水平（BSL）之间留有一定的裕度。根据以往交流系统的实践和现有直流输电工程的成功经验，平波电抗器操作冲击配合裕度取 1.15，雷电冲击配合裕度取 1.20。

平波电抗器上的雷电过电压由直流输电线路的雷电侵入波引起，通常采用直流线路避雷器加以限制。接在直流母线上的设备的雷电冲击绝缘水平由避雷器的雷电冲击保护水平决定。±800kV 直流母线避雷器在 20 kA 雷电流下的雷电冲击保护水平为 1651kV。取配合裕度 1.20，则雷电冲击绝缘水平为 1981 kV。根据标准电压等级，建议平波电抗器的雷电冲击绝缘水平取 2100kV。

取配合裕度 1.15，则操作冲击绝缘水平为 1608 kV，根据标准电压等级，建议平波电抗器的操作冲击绝缘水平取 1675kV。

### 5.5.2  过电流导致绝缘损坏

电抗器的使用寿命由它的材料所决定，在较高的温度、电场和磁场的长期作用下，绝缘材料会逐渐变脆、机械强度减弱、发生电击穿现象，失去原有的力学性能和绝缘性能。这个渐变过程就是绝缘材料的老化过程。温度越高，绝缘材料老化得越快。热作用一方面可以引起材料发生化学反应，另一方面由于金属导线和相邻的绝缘材料间的热膨胀差别很大，而产生机械破坏。

电抗器如果长期工作在过流条件下，发热导致的温升超过绝缘材料所能耐受的绝对最高温度时，绝缘材料将迅速碳化，失去原有的绝缘性能和力学性能，最终将发展成匝间击穿短路，使电抗器烧毁。不同绝缘等级和其绝对最高温度关系如表 5.6 所示。

表 5.6    绝缘等级和绝对最高温度的关系

| 绝缘等级温度/℃ | 105（A） | 120（E） | 130（B） | 155（F） | 180（H） |
|---|---|---|---|---|---|
| 绝对最高温度/℃ | 150 | 175 | 185 | 210 | 235 |

（1）电抗器的使用寿命。

电抗器在运行时，包封绕组既是热源，又是导热介质，包封温度按一定规律呈曲线分布。反映电抗器温升的参数有最热点温升和平均温升，最热点温升受电抗器发热限度的约束，平均温升是检验电抗器设计是否合理和经济性能好坏的重要指标，可用来衡量电抗器的发热情况。最热点温升与平均温升之间有一定联系，绕组的最热点温升用于决定绝缘的热寿命和绝缘是否受损。干式电抗器的使用寿命根据蒙特申格尔（Montsinger）的寿命定律来计算。

$$T=Ae^{-\alpha\theta}$$

式中，$T$—绝缘材料的使用寿命；$A$—常数，根据电抗器所用绝缘材料的等级确定；$\alpha$—常数，约为 0.88；$\theta$—绝缘材料的温度。

根据蒙特申格尔寿命定律的半对数，得到含有方向常数的直线，如图 5.10 所示，反映绕组的寿命（绝缘耐热等级为 A、B 和 H）与工作温度的函数关系。

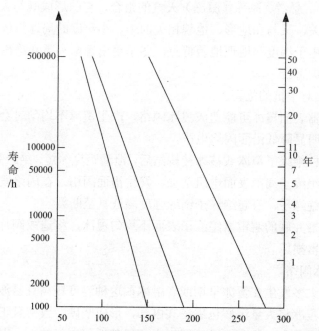

图 5.10    A、B 和 H 耐热等级绝缘绕组的寿命与绕组运行温度的函数关系

电抗器采用的绝缘材料具有不同的耐热等级，运行时的温升限值也不相同。

从公式和图中可以看出，每种绝缘材料都有一个固定的临界温度变化值。若电抗器的最热点温度低于所用绝缘材料的最高允许温度，则绝缘材料老化缓慢，寿命延长。反之，则绝缘老化加快，寿命缩短。寿命的延长或缩短构成了电抗器寿命的补偿。每种绝缘材料寿命减小到一半或寿命增加一倍的温度变化值是固定不变的。对于 A 级绝缘材料该温度变化值为 8℃，对于 B 级为 8℃～10℃，对于 H 级为 12℃。由于 A 级材料为 8℃，因而蒙特申格尔寿命定律还称为 8℃规则，H 级一般称为 12℃规则。

（2）对于过流而造成的绝缘损坏，一方面要对设备合理选型，根据实际运行情况与厂家协商；另一方面要在运行中监测电抗器的电流情况，注意监测电抗器的温升情况。

对运行中的电抗器进行温度的实时监控，可有效预防温升过高而引起的绝缘老化损坏。

### 5.5.3  冰灾导致干抗故障

低温雨雪冰冻灾害天气是大范围的低温(临界温度)、高湿(相对湿度近饱和)、冻雨(过冷水)、暴雪、冰冻(凝冻)天气的组合，它的形成既与大尺度、长时段的天气变化有关，又与和地形、地貌相关的中、小尺度的局地气候有关。我国南方部分地区，由于纬度和地理地貌特点，冬季易出现雨夹雪和冻雨的天气，严重时会形成冰冻灾害。

（1）冰灾对干抗的危害。

平波电抗器表面覆冰可能造成覆冰闪络，产生覆冰不均匀时会在局部产生极不均匀电场，明显降低沿面闪络电压。

电抗器支柱绝缘子覆冰或被冰棱桥结后，泄漏距离缩短，绝缘强度明显下降，融冰时，支柱绝缘子局部表面电阻增加，发生沿面闪络，在闪络发展过程中持续电弧可能烧伤绝缘子，引起绝缘子绝缘强度降低甚至断裂。

而与电抗器并联的避雷器绝缘子表面不均匀覆冰，将造成阀片老化或击穿，从而造成避雷器损坏。

（2）覆冰闪络。

覆冰闪络大多发生在覆冰早期或者融冰期这种温度较高且易波动的阶段。在冻结过程中，覆冰将大量污秽包裹在其内部，形成坚硬、致密且干燥的覆冰，这种类型的覆冰虽然会对设备造成机械损害，但其泄漏电阻较大，即使绝缘子片间发生严重的桥接，也不会导致闪络。而在气温回升之后，覆冰开始融化，由于融冰水对可溶性污秽溶解后引起沿面电阻的大幅下降将导致泄漏电流急剧上升，从而使之产生的焦耳热又进一步加剧覆冰的融化。导致电抗器表面、绝缘子电压分布不均匀，进而发生局部放电。由于此时泄漏电流较小，只形成一定的微干燥区，当放电使得被电弧短路的覆冰进一步融冰形成导电通道时，电弧将会熄灭。如此反复便形成了时亮时灭的电弧放电。

当泄漏电流进一步增大并将桥接冰凌熔断或形成不连续的干燥区时，会导致局部场强增大，过高的场强将导致局部放电形成细丝状的电弧。泄漏电流的增大加快了覆冰的融化，使泄漏电阻进一步降低，如此恶性循环使得原本细丝状的放电发展成为白色的电弧，由于白弧强大的融冰作用使得覆冰大量融化脱落，因而干燥区不断拉长，其断口也不断被拉大，白弧逐渐伸长发展甚至飘起，将部分绝缘子短接。当白弧的长度使得剩余冰面上承受的电压达到沿面放电临界值时便会突然发生闪络，这样便完成了冰闪的整个过程。

（3）应对措施。

①在雨雪冰冻天气发生前，对电抗器污秽进行清扫，防止电抗器表面及绝缘子上积存的污秽渗透和迁移到冰中增大覆冰电导率。

②采取防冰技术措施使冰无法积覆。对电抗器预先附加热源，或利用自身热源加热，使电抗器温度保持在冰点以上；在电抗器表面涂上防冰涂料。

当前防覆冰涂料主要有三种类型：电热型涂覆材料、光热型涂覆材料、憎水型涂覆材料。其中电热型涂覆材料效果不好，不予考虑；光热型涂覆材料在覆冰期间一般都为阴雨绵绵没有光，所以光热型涂覆材料应该前景也不明朗。憎水型涂覆材料是最有前途的。

③采取除冰和融冰技术。与防冰相比，在除冰技术方面的研究较多，大致可以分为以下三类：机械破冰方法、热力融冰方法和自然脱冰方法。

### 5.5.4 地震导致干抗机械损坏

现代地学理论认为，板块运动过程中的相互作用，是引起地震的重要原因，比如板块间的挤压、碰撞等导致地壳不同部位出现受力不均衡时，局部区域应力集中，脆弱的地方则可能出现地壳破裂或断裂，从而发生地震。

在我国，地震活动集中分布在 5 个地区的 23 条地震带上：①台湾地区及其附近海域；②西南地区，包括西藏、四川中西部和云南中西部；③西部地区，主要在甘肃河西走廊、青海、宁夏以及新疆天山南北麓；④华北地区，主要在太行山两侧、汾渭河谷、阴山－燕山一带、山东中部和渤海湾；⑤东南沿海地区，广东、福建等地。

（1）地震对干抗的危害。

平波电抗器本体震害的主要原因是电抗器浮放在基础上，未采取固定措施或虽采取了固定措施但方式不当或强度不足，地震时将固定螺栓剪断、拉脱或将焊缝拉开，使固定装置失效，导致电抗器倾倒和移位。

对支柱绝缘子的损害表现为支柱绝缘子折断。

避雷器均在最下节瓷套根部出现横向断裂。

（2）应对措施。

提高电气设备抗震能力要从设备设计、制造开始，从电气设备的选型、安装、运行等各方面入手提高设备的抗震性能。

①合理选型。

目前，我国的电气设备都没有抗震参数。电抗器选型时应重视对地震烈度区划分的应用，根据实际情况选择合理的设防等级。

②正确安装。

确保安装时的施工质量也是重要的抗震措施之一。安装对地震中电抗器的受损情况影响很大，电抗器的安装会影响到设备在地震中的运动状况，并可能会放大或减小地震对电抗器的作用。电抗器固定一定要牢固可靠，螺栓连接时应加装弹簧垫圈，对于焊接部分要保证焊接质量，严防漏焊。焊后要对焊接部位采取涂防锈等措施，防止焊接部位因氧化而使焊接强度降低。

③运行检查。

电抗器在运行期间应经常检查已有的抗震措施是否完好，并经常进行维护，检查的主要内容有：电抗器在运行过程中有无机械损伤；电抗器固定是否牢固可靠，如螺栓是否松动，焊接部位锈蚀情况，焊接强度有无影响；减震器、阻尼器等隔震装置的特性有无变化，减震性能是否还满足要求；接地装置和设备的接地引线是否良好，接地电阻是否符合要求；电抗器基础和支架有无不均匀下沉和倾斜现象。

地震发生后，应立即对电抗器进行仔细检查并作好记录，按震害情况分类。地震后的检查研究有支柱绝缘子有无折断、破碎或裂缝，电抗器的固定螺栓有无松动，焊接部位有无拉裂，电抗器有无位移、倾倒；电抗器基础和支架有无损坏、不均匀下沉或倾斜的情况。

### 5.5.5 其他损害

其他损害如鸟害、风害、泥石流、恐怖袭击等都会对电抗器的运行造成不同程度的损害。鸟类的尿液和粪便含有大量的电解质成分，当它们在电抗器及其绝缘子上排便时，粪便使原场强发生强烈畸变，运行的绝缘子外绝缘强度急剧下降，严重时致使电抗器便通过粪流柱对地发生放电。风害的根源在于设计环节或施工环节。需要运行维护人员及时发现、检修，并及时更换或紧固年久失去强度螺栓等。电抗器遭受斜坡地质灾害损坏的形式主要是被泥沙淹没和被水淹没。

# 5.6  小结

本章对特高压直流平波电抗器的常规巡视研究、常规维护研究、常见问题及其处理措施对现有巡视检修内容及周期进行了较系统的分析。对各种技术监督手段的原理及其必要性进行了说明。

通过对运行研究及其周期的研究分析，提高了电抗器运行的安全性。

通过对检修研究及其周期的研究分析，提高了可靠性，降低了人力、物力等耗费。

通过对运行中可能的故障进行分析，提高了应急水平，增强了备品合理性。

# 第六章 特高压直流平波电抗器的改进

## 6.1 概述

2008 年，我国首台平波电抗器正式投运，至今已将近 8 年，在这 8 年里，我国南方电网公司与国家电网公司先后建立了多条电压等级 400kV 以上的直流输电线路，其中包括南网公司建设±800kV 的云广工程、±800kV 的糯扎渡工程、±500kV 的溪洛渡工程；国网公司的向上、锦苏、宁东、青藏、哈郑及溪浙等工程。随着直流输电工程研究的陆续建设，北京电力设备总厂在不影响正常投标与产品制造的前提下，为提高平波电抗器整体性能的研究做了大量的摸索性工作，并将一些新研究方法及成果应用于电抗器的研发与设计之中，以提高平波电抗器在特高压直流输电工程运行稳定性与可靠性。

平波电抗器在运行过程中，因为自身结构或外部环境等原因，可能发生局部温升过高、设备过热等现象，并最终导致电抗器的局部烧损，甚至报废，带来巨大的经济损失。北京电力设备总厂与合作单位一同通过数据收集整理、专家库系统的编制，研发完成了一整套新型的适用于平波电抗器的在线测温系统，并完成了各项性能指标的监测，这对包括平波电抗器在内的大容量电抗器设备的监测具有重要的意义和重大的实用价值，通过对平波电抗器的各项性能参数检测，针对出现的问题提出相应的解决方案，基于此对平波电抗器进行改进。

## 6.2 特高压直流平波电抗器的应用与研制

### 6.2.1 平波电抗器的应用

平波电抗器是高压直流输电工程的关键设备之一，主要功能有限制逆变侧过电流、平抑直流电流中的纹波和防止沿线路入侵到换流站的过电压及保持低负荷下直流电流不间断等方面具有十分重要的作用。与油浸式平波电抗器相比，平波电抗器具有绝缘可靠、结构简单、重量轻、使用维护方便等诸多优点。

作为高压直流输电工程关键主设备之一的平波电抗器，在云广特高压直流输电示范工程兴建以前，从未达到过特高压等级，目前，±800kV 平波电抗器在国内外均没有成熟的技术可供借鉴。我国以往的±500kV 直流输电工程采用的干式空心平波电抗器均从国外高价进口。为提升民族制造业实力，增强民族企业国际竞争力，国务院有关部门撰文批示，±800kV 直流输电工程主设备研制要立足于民族工业，尽可能实现本土化。在发改委和南方电网公司的大力支持下，世界首台 ±800kV 特高压直流平波电抗器终于研制成功，不仅在国际市场上证实了中国企业自身的实力，同时也彻底打破了重要主设备需要依赖国外进口的尴尬局面。

### 6.2.2 平波电抗器的研制

#### 6.2.2.1 平波电抗器在交直流共同作用下的发热计算方法

在平波电抗器研发过程中，首先面临的难题就是电抗器的发热问题，特别是交、直流下电抗器的发热问题。发热是影响电抗器绝缘寿命的主要因素之一，若设计不合理，温升过高或不均匀，都会影响电抗器的使用寿命，因此是非常关键的。在直流和谐波复合通流条件下如何科学的计算和评估平波电抗器的发热，是我们必须认识和解决的问题。

在实际工程中，平波电抗器的工作电流除了直流电流外，还包含谐波电流，而谐波电流的存在引起直流电抗器温升分布的另一种变化。谐波电流在各层绕组的分布主要决定于各层的自感和互感，而且全部谐波电流所产生的交变磁场在线圈上的分布并不是均匀的，具有里侧较大外侧较小的规律。分布不均匀的谐波磁场在各层绕组内产生不同的涡流损耗，这种损耗与电阻性功率损耗相叠加，使各层绕组的发热功率不同于纯直流的情况，导致各层温升出现幅度不同的增加。所以，以直流电流为主、谐波电流为辅的工程实用的平波电抗器，其温升在绕组之间的分布既不同于普通交流电抗器，也不同于理想条件的直流电抗器，而是决定于具体的电流频谱，需要根据具体设计做具体的分析计算。

在温升试验时，试验室无法将多频次的谐波电流与直流同时施加到平波电抗器试品中，而代替的只能根据等损耗法将等效的直流电流放大然后施加。根据计算，为本工程设计的平波电抗器，考虑电抗器的最大连续直流 3125A 与谐波电流叠加后等效温升试验电流 $I_t$ 预期为最大连续直流电流的 1.12 倍，约为 3498A，这使平均温升以及各层绕组的热点温升比不考虑谐波时提高 19.8%。在此电流下进行温升试验，应保证平均温升不超过 70K，热点温升不超过 90K。用一个放大的直流试验电流代替直流工作电流与谐波电流合成的热作用，这一方法仅仅是总的发热功率、线圈整体的平均温升具有等效性，但对于温升的分布以及热点温升并不具有严格的等效性。由于运行期间谐波电流产生的交变磁场在线圈内的分布具有不均匀性，线圈内侧磁场较大，外侧磁场较小，因而谐波电流在各层绕组内建立的发热功率实际并不均匀，各层涡流损耗与直流电阻性损耗的比例也不相同。于是，实际运行时谐波电流在各层绕组产生的温升增量或者说附加温升并不像模拟试验那样一律，而是有高有低。因此，如果在设计中单纯地追求电抗器在直流电流下温升分布均匀，简单地满足于直流试验条件下的温升合乎标准要求，那么在含有谐波电流的实际运行条件下，温升分布将失去均匀性，线圈里侧包封层的温升将明显高于实验室试验结果，甚至会超过技术规范规定的限值。本着对工程负责、对设备使用寿命负责的原则，北京电力设备总厂在工程前期就投资了 30 万元制作两台 800A 平波电抗器温升与绝缘试验模型，通过摸索试验验证平波电抗器设计理论、温升计算新公式和新软件的正确性，并找到了各层绕组温升的纵向分布规律。同时我们的设计人员在电抗器试验标准之外充分考虑到实际电抗器与模拟线圈、实际运行与模拟试验之间的差异，在设计上为各层绕组预留大小不等的温升裕度，既要保证电抗器符合试验标准，同时也要保证电抗器在实际运行时具有恰当合理的温升。

科学分析平波电抗器在交直流共同作用下的温升计算方法和分布特性，审慎评估电抗器在复杂通流情况下的温升发热水平，是确保电抗器安全运行的前提和关键。北京电力设备总厂通过温升问题的仔细分析，提出了较为严谨的计算理论，为后续更为复杂的高压直流工程电抗器的温升计算和发热评估提供了理论模型和基础。

### 6.2.2.2　两台平波电抗器串联时的电压分布

两台平波电抗器串联于 ±800kV 极线上，当雷电冲击波或操作冲击波从两台串联平波电抗器的一端入波时，根据已有设计经验，两个电抗器上所分担的电压梯度是不同的，如果某一台平抗（一般为前端平抗）承受过高的雷电冲击电压，该平抗就有损坏的风险，而第二台平抗也有接连损坏的风险，所以必须进行仿真计算评估，认真分析两台平抗的暂态分压情况，这是非常重要的。

通常情况下，从入波端起前面的电抗器分担得多一些，接在后面的电抗器分担得少一些。为获得其电压分布规律，需采用计算和模型试验相结合的方法进行研究，从而为平波电抗器纵向绝缘的绝缘配合方案和冲击试验方案提供理论依据。当 1260kV 冲击电压施加于线圈时，各绕组包的平均匝间分布电压如表 6.1 第 3 列所示。从表 6.1 第 4 列所给出的数值可以看到，即使从严考虑冲击电压分布在端部的不均性，认为冲击电压在端部的分布为平均分布的 1.3 倍，端部线匝最大分级匝电压也不超过冲击击穿电压（55kV）的 8%。

表 6.1   PKK-800-3125-75 平波电抗器匝间电压分布

| 绕组层号 | 稳态电压分布<br>（幅值/$\sqrt{2}$）V/匝 | 冲击电压均匀分布<br>kV/匝 | 冲击电压端部分布*1.3<br>kV/匝 |
|---|---|---|---|
| 1 | 113.0 | 1.74 | 2.26 |
| 2 | 119.9 | 1.84 | 2.40 |
| 3 | 125.9 | 1.94 | 2.52 |
| 4 | 131.9 | 2.03 | 2.63 |
| 5 | 137.2 | 2.11 | 2.74 |
| 6 | 142.0 | 2.18 | 2.84 |
| 7 | 146.7 | 2.25 | 2.93 |
| 8 | 154.1 | 2.37 | 3.08 |
| 9 | 158.0 | 2.43 | 3.16 |
| 10 | 161.7 | 2.48 | 3.23 |
| 11 | 164.7 | 2.53 | 3.29 |
| 12 | 170.2 | 2.62 | 3.40 |
| 13 | 173.2 | 2.66 | 3.46 |
| 14 | 176.0 | 2.70 | 3.52 |
| 15 | 181.5 | 2.79 | 3.63 |
| 16 | 184.4 | 2.83 | 3.68 |
| 17 | 187.0 | 2.87 | 3.74 |
| 18 | 192.1 | 2.95 | 3.84 |
| 19 | 196.9 | 3.03 | 3.93 |

### 6.2.2.3   H 级换位导线的开发与应用

平波电抗器的绕组导体形式和绝缘结构是保证电抗器安全性的重要核心，如果采用普通低压电抗器所使用的单丝绝缘导线，远远满足不了高压设备的设计要求，而且具有非常大的隐患，所以必须采用更为可靠的导线形式和绝缘结构。云广示范工程平波电抗器绕组导线采用特制的多股轻型内换位铝电缆，取代以往的单丝圆铝线。根据绝缘性能试验结果，这种换位导线绝缘冲击穿电压不小于 37kV，据此估计，匝间绝缘冲击耐受电压不小于 65kV。

在平波电抗器的设计中采用多股绞合绝缘电缆作为绕组导线有两大优点：第一，每个绕组包内只绕一层多股内换位铝电缆，大大节省了绕线时间，提高生产效率；第二，采用单丝线时，每个绕组包内最少需由 3 层线圈并联，因各层线圈匝数不尽相同，使相邻两层绕组之间存在电位差，导致层间绝缘承担一定电压。采用多股内换位的绝缘电缆后，绕组包内只有一层绕组，不存在层间电压和层间绝缘问题，因而绝缘故障风险可大幅度降低。20 世纪 90 年代初期，北京电力设备总厂曾经用这种内换位电缆生产过两批共计 31 台 35kV 和 15000kVA 并联电抗器，至今未出现过任何问题。0 次/280 台·年的事故率证明这种绕组结构比多层并联单丝线绕组确实更加安全可靠。

### 6.2.2.4  应用成熟的外绝缘技术

在高压平波电抗器设计时，与国外某些电抗器厂家轻型简包式设计理念不同，北京电力设备总厂采用了封闭式结构设计方案，可以增强电抗器的抗短路能力和耐候性，这对电抗器的长期安全运行是至关重要的。北京电力设备总厂设计的干式空心平波电抗器一般采用湿法缠绕的技术，平抗主绕组内外均包裹一层坚硬致密的玻璃钢体，可以耐受雨水和紫外线的伤害。

为了提高电抗器外绝缘水平，我们采用了国际上成熟有效措施进行控制，主要有：增大表面冲击耐压和泄漏比距；加装完整的防雨降噪装置；喷涂憎水性和防紫外线绝缘漆；为电抗器下端设计均流电极，防止树枝性放电。

通过对高压平波电抗器外绝缘结构的合理设计，使其整体绝缘水平完全可以满足特高压系统的运行要求，同时还避免了以往国外进口电抗器曾出现的类似表面树枝性放电等问题，充分保证了电抗器的运行安全可靠性，也可以为后续工程中电抗器设计所借鉴，是非常理想的设计方案。

### 6.2.2.5  新型全套降噪装置在平波电抗器上的应用

平波电抗器发热总功率有上百千瓦（云广工程平波电抗器在最大连续运行电流下的发热功率为 235kW），相当于一间电抗器干燥室的电加热功率，加装完整的隔声罩给散热和通风设计带来严峻的挑战。云广工程进行前期北京电力设备总厂请国外噪声专家对云广工程特高压平波电抗器电磁噪声进行了计算研究，认为如果没有完整的阻性声罩，离线圈表面 3m 远的声压级将会超过 83dBA，不能满足噪声水平要求。带着降低噪音方法的问题，北京电力设备总厂又咨询了中科院声学所专家，提出了在平波电抗器上加装完整的四件套消声降噪来控制噪声级的技术路线，在有效控制大型电抗器噪声方面迈出了第一步。该方案第一次在大型电抗器顶部加装盘式消声器，解决了防雨与通风、通风与降噪之间的矛盾要求，同时也解决了阻塞声波与冷风进给之间的矛盾；第一次在空心电抗器内部加装吸声装置，在高能密声场中就地吸收声能，减轻了对两端声障进出、风口的设计压力；第一次将环绕线圈外围的侧隔声罩设计为内部填充环保吸声棉的声腔式结构，较好地处理了减缓积尘速度和环境保护的要求。

本章所尝试的四件套完成阻性消声降噪装置较好地解决了通风散热与隔声要求之间的矛盾，对于其他大容量干式空心电抗器显然具有推广应用价值，其设计原理对高噪声的油浸铁芯电抗器也具有很大的借鉴价值。

### 6.2.2.6　倾斜支撑体系在平波电抗器中的应用

通常北京电力设备总厂在进行低压小容量电抗器设计时都是采用绝缘支撑结构，即采用支柱绝缘子来支撑主体线圈，平波电抗器也计划采用这种模型。但是平抗主体线圈要大出低压普通线圈几倍甚至十倍，而且支撑高度也高出了十几倍，四五十吨的超重物体被支撑于半空中是一件非常危险的事情，没有地震的情况下该结构在风的作用下就有可能在不断摆动，如若再加之地震的作用，就进一步增大了它的水平摆动的位移，为了尽可能降低平波电抗器水平摆动的位移，技术人员需仔细对平波电抗器整体结构进行设计并严格校核安全系数。

经技术人员反复研讨、计算决定采用倾斜支撑式安装，即利用 12 支 12m 高复合绝缘子倾斜 15°角将电抗器支撑起来。平波电抗器包括绝缘子及过渡支座单台总计 72 吨，安装总高度 17.6m，每相平波电抗器由两台完全相同的 75mH 电抗器串联组成，两台之间中心距离 14m，用管型母线连接，管型母线由两支支柱式绝缘子固定，母线两端与两台电抗器采用柔性连接，用于缓解电抗器在地震效应和其他力作用下产生位移时对母线的作用，两台电抗器整体布置如图 6.1 所示，主要由以下一些单元构成：防雨降噪装置、电抗器线圈、支撑平台、绝缘子、避雷器、屏蔽环。

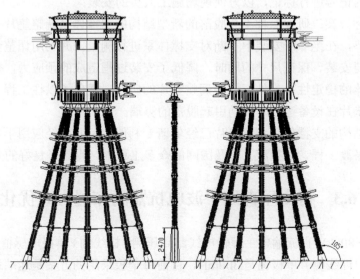

图 6.1　云广示范工程平抗支撑座式结构示意图

北京电力设备总厂利用通用的抗震计算软件对上述平抗结构进行建模，并根据反应谱法进行抗震校核，得出以下结论：

该模型在地震过程中，整个支撑体上部与线圈连接处所受应力最大，达到了51.4MPa，该部位采用了不锈钢结构，许用应力为 206MPa，安全系数达到了206/51.4=4.0。

对绝缘子来说，最大应力在最下端部位，达到了 9.02MPa，该模型中选用的绝缘子采用玻璃钢制成，许用应力为 60MPa，安全系数达到了 60/9.02=6.6。

计算结果表明，选用阻尼性能较好的复合绝缘子同时采用一定的倾斜角度作为重载型平波电抗器支撑结构是非常有效的，可以很轻松地将几十吨的大型超重线圈支撑于高空，而且具有较高的抗震稳定性。该支撑结构完全可以在以后更大输送容量工程中的更大线圈个体结构中应用。

### 6.2.2.7 不锈钢调整垫在平波电抗器支撑体系中的应用

干式空心平波电抗器由于采用倾斜支撑，支撑高度高，安装方式比较复杂，如果某一个环节的安装存在较大偏差或者绝缘子的配比不合理，将导致电抗器不锈钢平台无法顺利安装；我们以云广工程平波电抗器支撑体系为研究背景，对支撑体系安装方案进行讨论与分析，最终提出了两种现场安装容易满足的条件的方案，并成功引用于该换流站平波电抗器支撑体系中：

第一种方案：通过与绝缘子厂家沟通，在绝缘子出厂之前对每柱绝缘子进行优化配置，经过对众多节绝缘子进行配装测量，最后取得偏差最小的 12 柱绝缘子，并用特殊的记号进行标记，以方便现场施工人员的安装；

第二种方案：研发一种不会脱落的新型结构的支撑体系调整垫片——支柱绝缘子调整垫，在绝缘子安装中不断对支撑体系进行测量，并利用调整垫片进行调整，在方便安装、保证尺寸的同时，降低了安装过程造成的预应力，也提高了支撑体系整体的稳定性；另外，此种调整垫片的研发，避免以往工程某些电气设备使用的垫片在设备运行时震动引起脱落的弊端。

新型结构的支撑体系调整垫片已经申请专利保护，并已经应用于从南网云广工程、溪洛渡工程、糯扎渡工程及国网的众多工程中，得到了良好的效果。

## 6.3 特高压直流平波电抗器的布置方式优化

云广±800kV 直流输电工程输电线路高压侧（极线侧）单极电感值为 300mH，低压侧（中性线侧）单极也是 300mH，目前每个极采用的方案是送端站换流站和受端站换流站各有 75mH 的高压侧两台和 75mH 低压侧两台，但从云广直流输电工程总体输电回路来看，送端站换流站平波电抗器的布置方案及安装方案有多种类型，下面分别对各种布置方案进行详细阐述，并分别从冲击在多台电抗器上的分布、电抗器的占地面积、电抗器的成本进行分析，并从中选择最合理的组合形式及平波电抗器安装方案。

### 6.3.1  平波电抗器布局方式经济性改进及评估

该换流站平波电抗器目前运行的方案为"2 高+2 低"形式，即极线侧两台+中性线侧两台的方式，如图 6.2 所示。

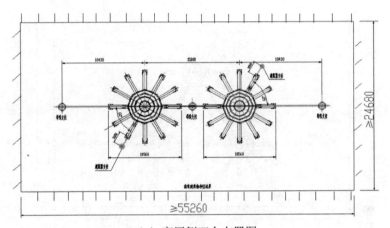

（a）高压侧双台布置图

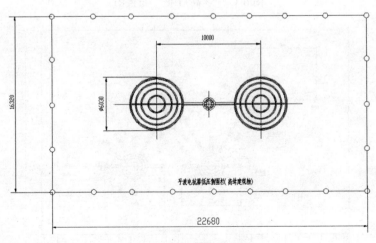

（b）低压侧双台布置图

图 6.2  "2 高+2 低"布置图

通过对云广直流输电工程简单分析，还有以下几种布置方案：

（1）3 高+1 低：即极线侧三台+中性线侧一台的方式，如图 6.3 所示；

（2）4 高+0 低：即极线侧四台的方式，如图 6.4 所示；

（3）0 高+4 低：即中性线侧四台的方式，如图 6.5 所示；

（4）1 高+3 低：即极线侧一台+中性线侧三台的方式，如图 6.6 所示；

针对以上五种方案，我们设计了布置方案图，方案图中没有画出单台平波电抗器的布置。

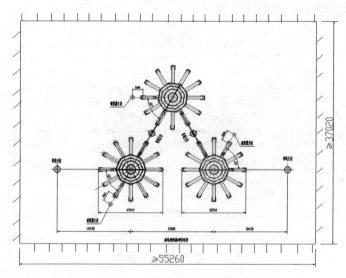

图 6.3　"3 高+1 低"布置图

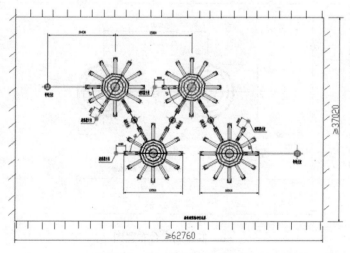

图 6.4　"4 高+0 低"布置图

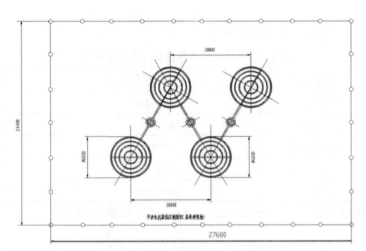

图 6.5 "0 高+4 低"布置图

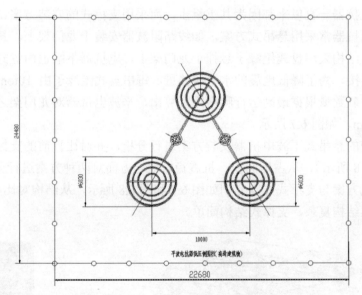

图 6.6 "1 高+3 低"布置图

　　通过参考目前在运行的"2 高+2 低"方案电抗器的围栏尺寸及两台电抗器之间的距离，制定出其余四种布置方式中平波电抗器（高压和低压）的围栏尺寸，上述组合的占地面积和成本估算如表 6.2 所示。

　　综上所述，平波电抗器的布置样式中占地面积较小，而且成本最低的组合方式是 0 高+4 低的方案，但是这种方案存在抑制换相失败率及抑制谐波电流的效果等诸多问题。据了解，系统 2+2 对称布置是换流站直流场中通过多种方面对比的最优布置方式，该方案是性价比最好的方案。

表 6.2    平波电抗器布置及成本估算方案

| 序号 | 布置样式 | 高+低    占地面积/m² | 成本/万元 |
|---|---|---|---|
| 1 | 2 高+2 低 | 1364+506 | 2222 |
| 2 | 3 高+1 低 | 2046+207 | 3060 |
| 3 | 4 高+0 低 | 2323+0 | 3360 |
| 4 | 0 高+4 低 | 0+678 | 2160 |
| 5 | 1 高+3 低 | 866+555 | 2460 |

注：上面所列出的布置方案为楚雄换流站的单极平波电抗器布置方案。

### 6.3.2    平波电抗器安装方式经济性改进及评估

平波电抗器一直以来都因为其重量重，而采用支撑式的安装方案，但有重量轻的小型电抗器常采用悬吊式方案，如线路阻波器安装于龙门架上。悬吊式平波电抗器安装结构采用盘式绝缘子悬挂于龙门架上，电抗器下端也由盘式绝缘子直接与地面连接，为了降低地震的水平偏移量，每串盘式绝缘子由 10ton 的拉力盘式绝缘子串联数量根据最高运行爬电距离算出，平波电抗器对龙门架之间的净距离考虑为 9m，如图 6.7 所示。

对新型的悬吊式平波电抗器安装方案进行分析，并对比目前的支撑式安装方案（如图 6.8 所示），从占地面积、抗震稳定性等方面对两种方案进行分析。

悬吊式方案与支撑式方案分别如图 6.7 和图 6.8 所示，从结构对比可以看出，悬吊式方案结构复杂，支撑式结构简单。

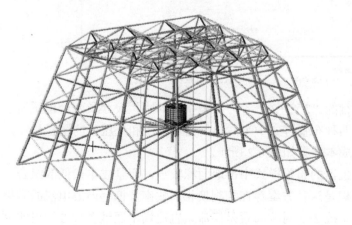

图 6.7    悬吊式方案                图 6.8    支撑式方案

根据规定，反应谱的设计加速度为 0.2g，反应谱如图 6.9 所示。

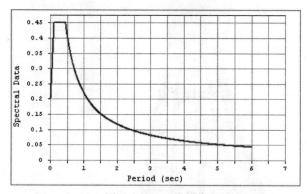

图 6.9    0.2g 反应谱

在前处理时，把自重及风速载荷作为静载荷，根据作用方向分别施加到平波电抗器安装模型中，经过有限元计算，分别计算出两种安装方案在 0.2g 设计加速度时的响应。

两种结构在设计加速度为 0.2g 地震反应谱作用下的位移如图 6.10 和图 6.11 所示。

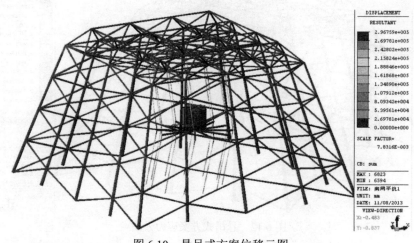

图 6.10    悬吊式方案位移云图

两种方案中结构的应力分布云图如图 6.12 和图 6.13 所示。

通过上述对比分析可知，悬吊式方案在地震作用下的位移响应和应力都比支撑式方案大得多，故重量比较大的电抗器，如平波电抗器，其安装方案选择支撑式安装更为合理。

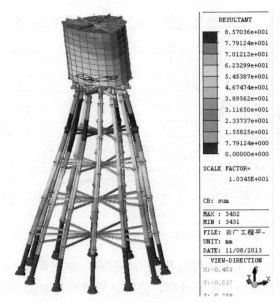

图 6.11　支撑式方案位移云图

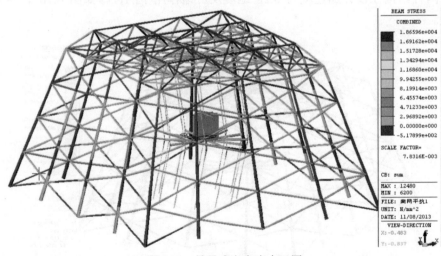

图 6.12　悬吊式方案应力云图

除此之外，悬吊式方案由于使用了龙门架作为上端固定点，考虑到电抗器与龙门架之间的净距离，故龙门架的尺寸较大，占地面积也很大，一台平波电抗器安装体系的合理占地面积约为46m*46m；而支撑式安装方案每台平波电抗器的占地面积约 15m*15m 即可；从成本上来核算，悬吊式方案的龙门架造价约为 350万元，而单台电抗器的支撑绝缘子的价格为220万元左右。

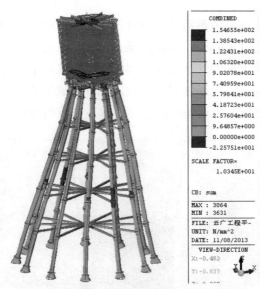

图 6.13    支撑式方案应力云图

### 6.3.3    小结

本节通过对该换流站平波电抗器的布置方式、雷电冲击在不同布置方式的研究及不同支撑方式的工程造价和占地面积等三个主要方面进行详细的计算与分析，通过计算可知：

（1）2+2 布置方案是该换流站平波电抗器布置形式中比较合理方案；

（2）平波电抗器的支撑方式比悬吊方式更具有抗震的稳定性与结构的合理性；

（3）高压侧（极线侧）每台都配备避雷器是平波电抗器在雷电冲击时电压均匀分布的合理选择方案。

# 6.4    特高压直流平波电抗器的电场分布优化

### 6.4.1    平波电抗器改进前电场分布计算

由于特高压直流输电用平波电抗器电压等级高，运行过程中会在周围空间形成高场强分布，电抗器端部的金属部件如果屏蔽不好会出现放电现象甚至是电晕，本节从理论上对平波电抗器运行时不同均压结构的电场分布进行研究，对优化电抗器的场强、预防电晕的产生有很重要的指导意义。

平波电抗器电抗器在未作任何均压处理时的电场分布如图 6.14 所示，从图中可以看到最大场强出现在消声器外支撑杆的上端部，约为 35.045kV/cm，已经超过了空气的击穿场强 30kV/cm。可以推断，电抗器在运行过程中支撑杆顶端会出现明显的电晕，危害电网的安全运行；同时，在电抗器上下两个铝吊架的端部和电抗器底部平台的端部，电场强度也较大，也存在放电的危险。因此，需要对电抗器做合理的均压处理，以避免电抗器运行时发生放电及电晕现象。

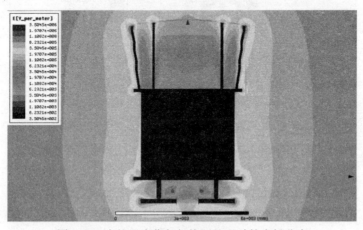

图 6.14    电抗器未作任何均压处理时的电场分布

### 6.4.2    平波电抗器屏蔽结构优化后电场分布计算

#### 6.4.2.1    平波电抗器均压结构设计

为防止±800kV 干式空心平波电抗器在运行过程中出现可见电晕，对容易放电的位置进行了分析与预测，并为其设计了如下三组均压环，安装位置如图 6.15 所示。

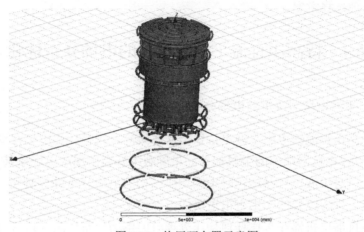

图 6.15    均压环布置示意图

（1）在电抗器降噪装置的顶盖上面由内向外设计了五组均压环，为了降低防护罩支撑杆端部的强电场，达到防晕的目的，在电抗器中部声罩处也设置了一组电晕环，可以有效地降低该处的电场强度。

（2）在电抗器上下星形吊架端部设置了三组电晕环，以降低吊架端部的电场强度。

（3）在相邻支柱绝缘子的连接处设置了三组电晕环，用来降低支撑平台端部的场强，并且可以平衡电抗器周围区域的电场强度。

通过计算，电抗器安装均压环时的电场分布如图 6.16 所示，可以看到，最大场强出现在最下端的支柱绝缘子电晕环外边缘处，场强为 14.782kV/cm，远低于空气的击穿场强；电抗器本体与防护罩处的电场强度与未做任何均压处理时相比，得到了有效地减弱，这样可以避免放电及电晕的发生；同时，消声器支撑杆的上端部的电场强度得到了非常好的抑制，可以避免电晕的产生，说明该均压结构合理，均压效果良好。在电抗器外表面，电场强度稍有一定的升高，但在电抗器外表面涂刷了特制的 RTV 涂料，可以有效地防止电抗器表面的沿面放电。

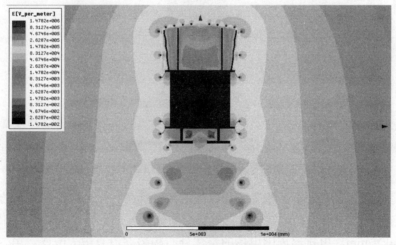

图 6.16　电抗器安装均压环时的电场分布云图

通过以上分析可知，电抗器防护罩支撑杆端部、电抗器上下吊架端部以及平台端部场强分布集中，电场强度高，需要做合理的均压处理。安装均压环后，有效地抑制了电抗器表面高场强区的产生，降低了电抗器表面的电场梯度，防止了电晕现象的发生。

### 6.4.2.2　平波电抗器均压结构优化

合理的均压布置对平波电抗器的电场分布影响较大，下面对不同形式的布置方式进行详细分析：

首先，将电抗器防护罩上部及绝缘子电晕环的位置及数量进行优化。原有防晕结构中，防护罩上部均压环共有 5 组，优化的结构中将其改为 3 组，并适当调整位置，使均压环的间距更合理。

通过计算，得到了优化后平波电抗器的电场分布如图 6.17 所示，从图中可以看到，减少了防护罩上部均压环后，电抗器的最大场强并未出现明显变化，场强为 14.306kV/mm，并且电抗器周围电场的整体分布趋势并没有很大改变，防护罩均压环数量减少后，并不会影响平波电抗器的电场分布。

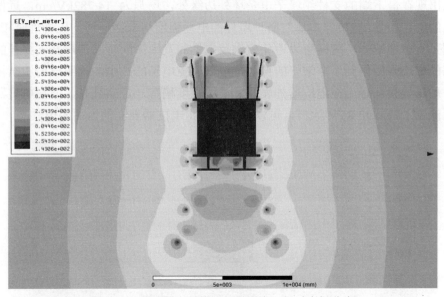

图 6.17　防护罩上部均压环设置为 3 组时电场分布

在此基础之上，分析了绝缘子均压环的两种优化方案。第一种优化方案是设置 2 组绝缘子均压环，该方案电抗器电场分布如图 6.18 所示，可以看到最大场强为 13.364kV/mm，电抗器周围电场的整体分布趋势并没有很大改变。第二种优化方案是仅设置一组绝缘子均压环，电场分布如图 6.19 所示，最大场强虽然减少为 11.132kV/mm，但是电抗器周围电场强度明显增大。通过以上分析可知，电抗器上部均压环数量可由 5 组优化为 3 组，绝缘子电晕环可由 3 组优化为 2 组，这种均压结构较为合理。

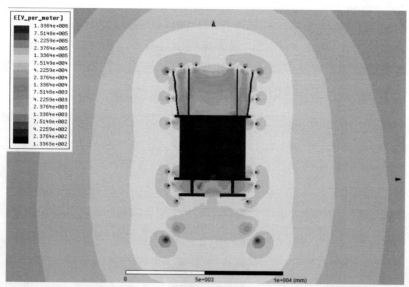

图 6.18　绝缘子均压环设置为 2 组时电场分布

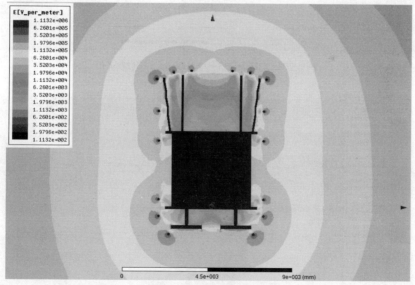

图 6.19　绝缘子均压环设置为 1 组时电场分布

　　在分析均压环数量的优化方案后，对均压环直径的可优化性进行了分析。在以上分析中，均压环直径为 140mm，对此又分别计算了均压环直径为 100mm 和 180mm 时电抗器的电场分布。图 6.20 为均压环直径为 100mm 时的电场分布，此时电场分布形式与绝缘子直径为 140mm 时相比，最大场强明显增大，为

17.86kV/mm。图 6.21 为均压环直径为 180mm 时的电场分布，此时电场分布形式与绝缘子直径为 140mm 时相比，最大场强明显减小，为 12.094kV/mm，可见均压环曲率半径增加后可明显减弱表面电场强度。因此，在原有方案上适当增大均压环直径也可以优化电抗器的电场分布。

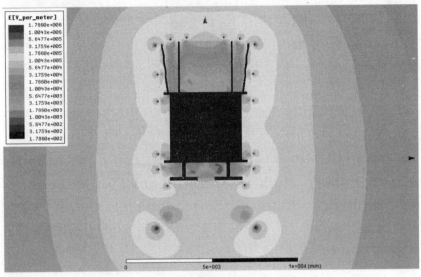

图 6.20　均压环直径为 100mm 时电场分布

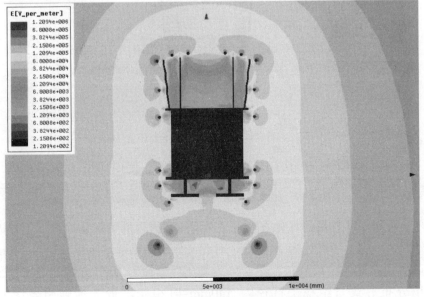

图 6.21　均压环直径为 180mm 时电场分布

### 6.4.3 小结

通过上述分析可知，电抗器防护罩上部均压环和绝缘子均压环数量可进行一定的优化，优化后电抗器电场分布并未发生很大变化。在优化方案中，均压环数量适当的减少，可以简化电抗器均压结构，使电抗器均压环的现场安装更方便一些。同时，适当增大均压环的直径，对均化电场分布也有很好的效果。

## 6.5 特高压直流平波电抗器的磁场分布优化

### 6.5.1 平波电抗器改进前磁场分布计算

根据空心电抗器的线圈结构，空心电抗器的磁场分布可采用叠加原理计算，即首先计算单匝载流导体圆环磁场，然后通过积分学原理即可获得整个电抗器的磁场。

如图 6.22 所示，设在距离 XOY 平面上方 $Z_1$、$Z_2$ 处有一个与 XOY 平面平行的带电流圆形导体，两圆环同轴，下圆环导体的半径为 $R_1$，载有电流 $I$。分析该载流圆环所产生的磁场密度，由基本原理分析可知，单匝圆形导体在同轴导体上所产生的磁场是一个旋转轴对称场，由于对称性，磁场中任意一点的磁感应强度只可以有两个方向的分量：一个是径向分量 $B_r$，另一个是轴向分量 $B_z$。即圆环 2 上所有点的磁感应强度的轴向分量的大小和方向都是相同的，而径向分量的大小相同但方向不同。

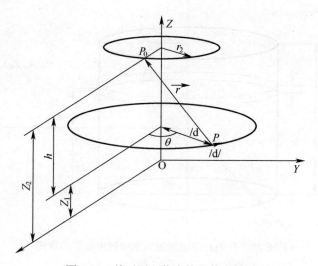

图 6.22 单匝圆环载流体及其坐标系

场中任意一点 $P_0(R_2,Z_2)$ 的磁感应强度的轴向分量 $B_Z(P_0)$ 和径向分量 $B_r(P_0)$ 为：

$$B_r(P_0) = \frac{\mu_0}{4\pi} \int_0^{2\pi} \frac{(z_2-z_1)\cos\theta}{(R_1^2 + R_2^2 + (z_2-z_1)^2 - 2R_1 R_2 \cos\theta)^{3/2}} R_1 d\theta$$

$$B_z(P_0) = \frac{\mu_0}{4\pi} \int_0^{2\pi} \frac{(R_1-R_2)\cos\theta}{(R_1^2 + R_2^2 + (z_2-z_1)^2 - 2R_1 R_2 \cos\theta)^{3/2}} R_1 d\theta$$

式中：$\theta$ 表示导线 $dl$ 段与 x 轴的夹角；z 为圆环中心相对坐标系中心的轴向高度。

### 6.5.2　有限场单层薄绕组在空间任一点的磁场计算

从单匝圆环线载流体的磁场出发，利用积分学方法，可以很方便地求出有限长单层薄绕组在空间任一点磁场的解析表达式。

如图 6.23 所示，设薄绕组的总高度为 $H$，半径为 $r$，电流强度为 $I$，总匝数为 $W$，则微分段 dz 在任一点 $P(r_0,z_0)$ 处所产生的磁场的两个分量 $dB_r(R_0,z_0)$ 和 $dB_z(R_0,z_0)$ 可由下式表示：

$$dB_r(P_0) = \frac{\mu_0 I}{4\pi} \int_0^{2\pi} \frac{(z_0-z)\cos\theta n R dz d\theta}{(R^2 + R_0^2 + (z_0-z)^2 - 2RR_0\cos\theta)^{3/2}}$$

$$dB_z(P_0) = \frac{\mu_0 I}{4\pi} \int_0^{2\pi} \frac{(R-R_0)\cos\theta n R dz d\theta}{(R^2 + R_0^2 + (z_0-z)^2 - 2RR_0\cos\theta)^{3/2}}$$

式中：$n$ 为线圈单位长度的匝数。

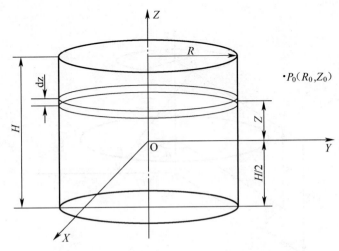

图 6.23　有限长薄绕组磁场感应强度计算示意图

$$B_r(P_0) = \frac{\mu_0 nRI}{4\pi} \int_0^{2\pi} \int_{-H/2}^{H/2} \frac{(z_0 - z)\cos\theta nRdzd\theta}{(R^2 + R_0^2 + (z_0 - z)^2 - 2RR_0\cos\theta)^{3/2}}$$

$$B_z(P_0) = \frac{\mu_0 nRI}{4\pi} \int_0^{2\pi} \int_{-H/2}^{H/2} \frac{(R - R_0)\cos\theta nRdzd\theta}{(R^2 + R_0^2 + (z_0 - z)^2 - 2RR_0\cos\theta)^{3/2}}$$

令：$F_R(R,R_0,z) = \frac{1}{\pi}\int_0^\pi F_{BR}(R,R_0,z,\theta)\cos\theta d\theta = \frac{1}{\pi}\int_0^\pi \frac{\cos\theta d\theta}{\sqrt{R^2 + R_0^2 + z^2 - 2RR_0\cos\theta}}$

则：$B_r(P_0) = \frac{\mu_0 nRI}{4\pi}\left\{F_R\left[R,R_0,(z_0 - H/2)\right] - F_R\left[R,R_0,(z_0 + H/2)\right]\right\}$

$$B_z(P_0) = \frac{\mu_0 nRI}{4\pi}\left\{F_z\left[R,R_0,(z_0 + H/2)\right] - F_z\left[R,R_0,(z_0 - H/2)\right]\right\}$$

通过求取 $F_R(R,R_0,z) = \frac{1}{\pi}\int_0^\pi \frac{\cos\theta d\theta}{\sqrt{R^2 + R_0^2 + z^2 - 2RR_0\cos\theta}}$，即计算出单层螺线管磁场的磁感应强度。

### 6.5.3 空心电抗器空间任一点磁场的计算

干式空心平波电抗器包封由多层细导线绕制而成的同轴螺线管并联而成，空间磁感应强度满足矢量叠加原理，因而干式空心平波电抗器的磁场中某一点磁感应强度的计算只是各个单层线圈在该点所产生的磁感应强度的矢量求和。

设 $m$ 层线圈并联而成，而第 $j$ 层线圈在任一点 $P(r_0, z_0)$ 处产生的磁感应强度 $B_j(r_0, z_0)$ 的两个分量分别为 $B_{rj}(r_0, z_0)$ 和 $B_{zj}(r_0, z_0)$，则 $P(r_0, z_0)$ 处的总磁感应强度的两个分量可分别用下式进行计算：

$$B_r(r_0,z_0) = \sum_{j=1}^m B_{rj}(r_0,z_0)$$

$$B_z(r_0,z_0) = \sum_{j=1}^m B_{zj}(r_0,z_0)$$

# 6.6 特高压直流平波电抗器在线测温系统

### 6.6.1 测温系统技术背景

特高压直流输电在远距离送电和大区联网方面优势明显，发展前景十分广阔，是实现高电压、大容量、远距离送电和异步联网最为重要的手段。干式平波电抗器是高压直流输电工程的主要设备之一，主要起到以下作用：限制逆变侧过电流、平抑直流纹波、防止沿线路入侵到换流站的过电压、影响换流阀绝缘性能及保持低负荷电流不间断等。因平波电抗器运行在高电压及高电磁环境中，目前并没有一种合适的监控和保护机制，相关技术还处于一种空白状态，其原因主要有以下两方面：

一是若要对干式平波电抗器进行保护，需要实时获取该干式平波电抗器的运行状态信息，并对其进行实时监控，然后才能对该干式平波电抗器进行相应的保护，使得干式平波电抗器在出现故障时能够及时退出运行，以防止事故的扩大，危及系统中的其他设备。而要获取该干式平波电抗器的运行状态信息，一般需要先采集该干式平波电抗器的电信号，然后根据所采集的电信号来判断该干式平波电抗器的运行状态信息，然而，所需采集的干式平波电抗器的电信号一般属于微弱信号，由于干式平波电抗器特殊的结构和运行状态的原因，导致处于运行状态中的干式平波电抗器周边一般都具有很高的电压和很强的电磁场。因此，所需采集的电信号将会淹没在这种高电压、高电磁环境中；而且，上述电信号的传输过程也将受到高电压、高电磁环境的极大干扰，使该电信号不可能准确地传输到相应的位置，从而不能准确地反映干式平波电抗器的运行状态，而且这种电信号传输在线测温系统对干式平波电抗器本体纵绝缘水平和对地绝缘水平有很大的影响，安装这种在线测温装置反而会影响电抗器的正常运行。

二是直流系统中存在很多谐波电流，使得干式平波电抗器的噪声水平很难满足技术规范的要求，为了控制干式平波电抗器的噪声水平，必须加装防雨降噪装置，这使得换流站内的巡检人员在用红外测温设备或者热成像仪监测干式平波电抗器的运行温度时，只能监测到降噪装置表面的温度，无法真实地反映干式平波电抗器各包封层的实际发热情况。

综上可知，由于干式平波电抗器的结构和运行状态的特殊性，在干式平波电抗器周围的高电压、高电磁环境下，干式平波电抗器的电信号的采集和传输都存在很大的困难，因此如果使用常规的监控方式，将无法对干式平波电抗器的电信号进行采集和传输来得到干式平波电抗器的运行状态信息，从而难以对干式平波电抗器进行有效的实时监控。而干式平波电抗器设备本身的价格相对较高，更换备件的周期也相对较长，为了减少干式平波电抗器由于局部过热导致设备故障带来的损失和长时间停电带来的电网损失，为干式平波电抗器加装有效的实时监控装置是非常有必要的。

本书研究的目的是，研制开发一种通过光纤传输的电抗器在线测温系统，在电抗器的故障初期发出预警，尽早发现、尽早报警，争取降低甚至杜绝由电抗器故障引起的运行事故，为电网稳定运行提供强有力的保障。

### 6.6.2  测温系统性能参数

（1）测量范围：-30℃～＋200℃。

（2）报警方式：高温\差温\差定温。

（3）探测方式：分布式。

（4）恢复性能：可恢复式。

（5）功能构成：探测报警。

（6）通道数量：2（可扩展）。

（7）测量方式：单端。

（8）测温精度：±1℃（满足国标 GB/T 21197－2007）。

（9）温度分辨率：0.1℃。

（10）巡检周期：≤30s（满足国标 GB/T 21197－2007）。

（11）通讯接口：RS232/485、RJ45、USB、继电器。

（12）主机工作温度：0℃～40℃。

（13）主机工作湿度：＜95%RH。

（14）工作电源：24VDC（220VAC/50Hz 可选）。

（15）最大功耗：50W。

（16）传感器数量：根据保护精度可选。

（17）传感器型式：依据电抗器型号。

（18）RS232 串口波特率：9.6k～230k 可设置（57.6k 最好）。

（19）数据定时存入数据库时间间隔：0.5h～4h。

（20）数据库保存时间：＞3 年。

（21）操作系统：Windows XP。

（22）数据库：MySQL。

### 6.6.3  测温系统结构

特高压直流干式平抗在线测温系统由光端机、工控机、测温元件、光纤绝缘子、铠装光纤和机柜组成。光端机和工控机安装在控制室内的机柜中，测温元件布置在干式平波电抗器上端，传输光纤通过光纤绝缘子与电缆沟中的铠装光纤连接，再通过铠装光纤与控制室内的光端机连接。整个测温系统的结构框图如图 6.24 所示。

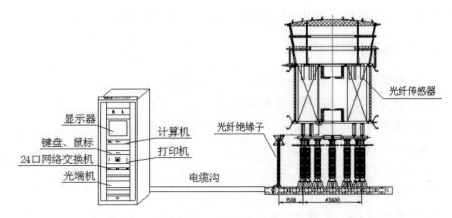

图 6.24　特高压直流干式平抗在线测温系统结构框图

### 6.6.4　功能特点

特高压直流干式平抗在线测温系统的测温元件是在原有光纤传感器的基础上，专门针对干式平波电抗器的结构特点改进开发的，更加便于现场的安装调试，更加有效地保护了传输光纤。原有的光纤传感器已经在上述章节提到的六个工程中应用多年，运行状况良好。现有测温元件在干式电抗器上顺利通过了各种试验验证。

特高压直流干式平抗在线测温系统具有以下功能特点：

（1）本系统具有灵活的接入能力，运行方式既可以是单独运行，也可以接入上位机作为其中的一个模块运行；

（2）本系统的测温精度高，能够准确地测试出干式电抗器风道中的温度变化；

（3）本系统采用光纤采集和传输信号，没有传感器和引线带来的绝缘问题，不会使电抗器的绝缘受到任何影响；

（4）采用光纤传输信号，保证了在复杂电磁环境下信号不被干扰和衰减；

（5）干式电抗器无需进行任何改动，只需将传感器组植入电抗器的通风道即可；

（6）测温元件所用的光纤为 62.5/125 多模特氟龙 0.9mm 光纤，抗拉强度高，耐气候性能良好，能够长期在 260℃下长期使用；

（7）本系统的使用寿命取决于测温元件和传输光纤的寿命水平；根据光纤生产厂家提供的试验报告，植入电抗器内的光纤使用寿命不低于 15 年；

（8）本系统的监测点连续，监测范围大，实时性好，并且能够精确定位故障点的位置；

（9）系统具有自诊断功能，可以瞬时判定光纤故障。

### 6.6.5 系统测温原理

特高压直流干式平抗在线测温系统采用分布式光纤感温方式，其利用激光在光纤中传输时产生的自发喇曼（Raman）散射和光时域反射（OTDR）来获取空间温度分布信息。当激光脉冲在光纤中向前传输时，会不断产生后向喇曼散射光，后向喇曼散射光的强度与所在光纤散射点的温度有关，将散射回来的后向喇曼光经过光学滤波、转换、放大、模－数转换后，送入信号处理器，即可计算出实时温度，根据后向光回波的时间和光在光纤中的传播速度即可对温度信息进行定位。但后向喇曼散射光的强度非常弱，要求测温系统具有很高的处理增益、很低的噪声电平才能检测得到；同时为达到足够高的定位精度，系统必须具备足够高的时间分辨率，即带宽和采样频率。图 6.25 为特高压直流干式平抗在线测温系统的原理框图。

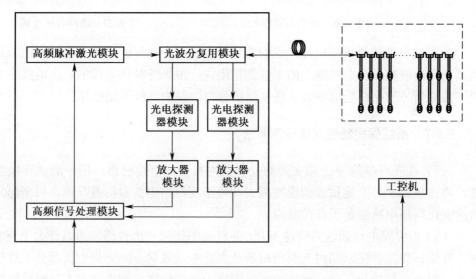

图 6.25  特高压直流干式平抗在线测温系统的原理框图

### 6.6.6 测温元件的布置

为了准确地监测干式电抗器的温升状态，我们在电抗器上端每个包封层对应的通风道中布置一列串联连接的测温元件，并且在与之相对应的 180°位置也布置一列同样的测温元件，每个测温元件上包含两个相同的光纤测温传感器，来实时监测各包封层的温升状态。图 6.26 为测温元件在电抗器上的水平布置方式,图 6.27 为测温元件的垂直布置方式。

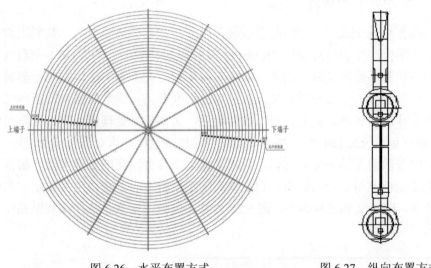

图 6.26　水平布置方式　　　　　　图 6.27　纵向布置方式

　　为了减小光纤的传输损耗,我们需尽可能地减少光纤的熔接点数,因此所有测温元件的绕制及在电抗器上的布置都是用同一根光纤制作完成的。在电抗器上用于传输信号的光纤全部安装在环氧保护管内,保护光纤不受损坏。

### 6.6.7　系统保护特性（专家库算法）

　　（1）在光纤绝缘子上端安装的光纤盒内布置一个传感器,用于测试环境温度,将电抗器上每个测试点的温度减去环境温度得出电抗器的温升值,根据温升值的变化判断电抗器是否存在故障。

　　（2）当突发电抗器温升快速上升,并且其中任何一个传感器的温升大于 90K 时,开始预警,并提示站内人员电抗器是否处于过载状态。如果电抗器处于过载状态,则电抗器运行正常,如果电抗器未处于过载状态,则需站内人员对电抗器进行检查。

　　（3）当电抗器温升在 90K～115K 之间,且持续时间大于 2 小时时,开始报警,并提示站内人员电抗器是否仍然处于过载状态。如果电抗器未处于过载状态,则需站内人员对电抗器进行检查。如图 6.28 所示。

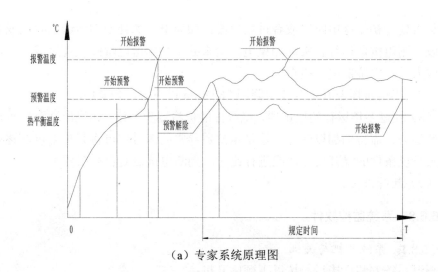

（a）专家系统原理图

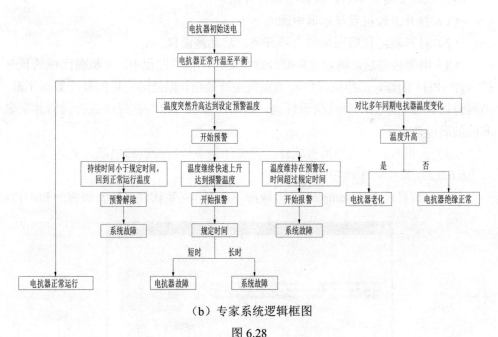

（b）专家系统逻辑框图

图 6.28

（4）当电抗器过载状态结束后，并且所有传感器的温升下降到 90K 以下时，预警解除。

（5）当突发电抗器温升快速上升，并且其中任何一个传感器的温升大于 115K 时，开始报警，并提示站内人员对电抗器进行检查。

（6）当电抗器温升上升速率大于 2K/5min 时，开始预警，并提示站内人员电抗器是否处于初始送电阶段或者过载阶段。如果电抗器处于初始送电阶段或者过载阶段，则电抗器运行正常，如果电抗器未处于初始送电阶段或者过载阶段，则需站内人员对电抗器进行检查。

（7）当电抗器温升上升速率降回 2K/5min 以下时，预警解除。

（8）经过多年运行的电抗器，绝缘性能也将逐步劣化，如果出现温升有逐步升高的趋势，需特别加以注意，这是电抗器异常的信号。可将其与电抗器逐年同时期同环境条件的温升变化情况进行比对，判断电抗器是否存在异常。

（9）断纤报警。

### 6.6.8　系统监控软件

#### 6.6.8.1　系统开机与关机

测温系统安装完毕后，按以下顺序开机：

（1）打开工控机及显示器电源。

（2）打开测温仪后面板的电源开关，启动测温仪。

（3）电源接通后，测温仪需要经过预热，在预热过程中，主机前面板的预热指示灯（PH）闪烁，工控机可以与测温仪进行通信，但此时采集的温度数据不准。当测温仪预热完毕后，预热指示灯亮，这时工控机可以与测温仪进行通信并采集准确的温度数据了。

（4）关机时，先关掉所有软件，再关闭测温仪后面板的电源开关。

#### 6.6.8.2　监控软件的安装

运行安装目录下的 setup.exe，出现如下画面，安装软件进行安装前的初始化。

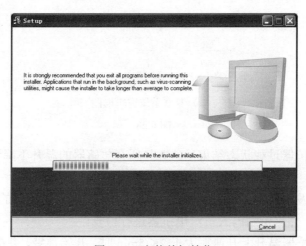

图 6.29　安装前初始化

选择安装目录；

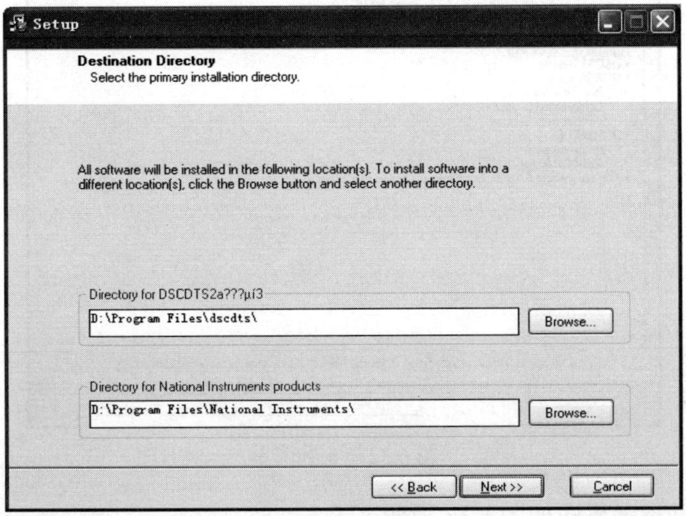

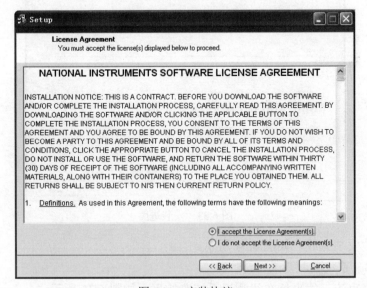

图 6.30　安装目录

选择接受许可协议或不接受许可协议，界面如图 6.31 所示。

图 6.31　安装协议

安装清单如图 6.32 所示。

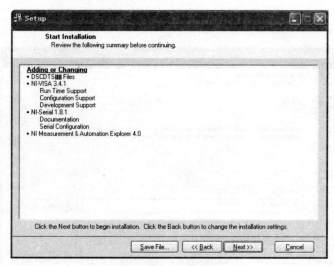

图 6.32　安装清单

安装进度指示界面如图 6.33 所示。

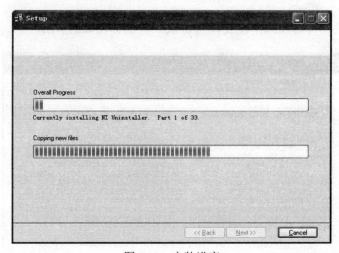

图 6.33　安装进度

至此，安装完成，如图 6.34 所示。

### 6.6.8.3　系统监控界面

特高压直流干式平抗在线测温系统监控界面如图 6.35 所示。

①电子地图：所要监控干式电抗器区域的平面示意图。

②采集状态：显示采集时间，用文字描述"采集温度状态和主机运行状态"是否正常。

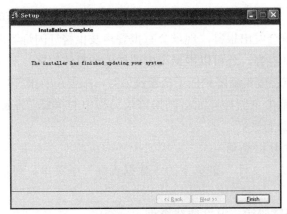

图 6.34 安装完成

③采集开关：打开开关后，启动定时数据采集，开启状态 [定时采集开启]，默认为开启。

④退出监控按键：退出定时数据采集。

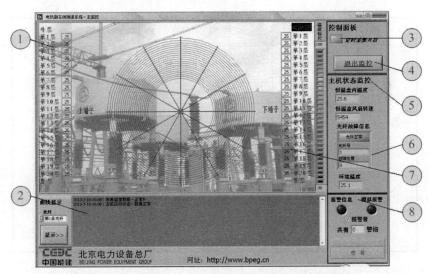

图 6.35 特高压直流干式平抗在线测温系统监控界面

⑤主机监控状态：显示测温仪内部恒温盒内温度和恒温盒风扇转速。

⑥光纤故障信息：光纤断纤时，显示断纤的光纤号及断纤的位置（温度曲线上的米数）。

⑦显示温度：电子地图 7 中的小方框，表示某段监测区域或监测点，方框内的数值表示温度，单位"℃"；同时小方框的边框颜色随温度变化。

⑧报警信息：当工控机有外接音箱或者外接声光报警器，当电抗器有局部过热现象发生时，系统会发出报警，现场会有报警声及报警灯闪烁等现象，同时监控界面上有报警指示灯点亮。还可以根据温度曲线上的具体位置，对电抗器的发热点进行定位。当发热点温度重新降到低于报警阈值时，报警声及报警灯会自动取消。

取消报警：单击主监控界面右侧报警信息栏中的报警音左侧"√"，即可取消报警声，默认是加上"√"。

#### 6.6.8.4 系统数据查询

单击监测系统"文件"菜单下的"数据查询"子菜单，可以查询历史数据，并生成报表。

（1）某一传感器历史温度曲线查询。

用户可以根据电抗器的运行情况，查询电抗器每一通风道中每一传感器在任意运行期间的历史温度数据，并生成温度曲线，如图 6.36 所示。在 14:40 左右的时刻，开始对电抗器施加过载电流，在温度曲线上可以直观地反映出电抗器在此时刻有明显的温度变化。

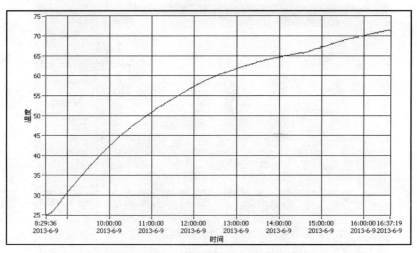

图 6.36　某一传感器历史温度曲线查询

（2）全部传感器历史数据查询。

用户还可以根据电抗器的运行情况，查询电抗器所有通风道中全部传感器在任意运行期间的历史温度数据，并生成三维的温度曲线，如图 6.37 所示。

（3）数据报表。

用户还可以根据自身需要，以数据报表的形式保存任意传感器的温度监测数据，如图 6.38 所示。

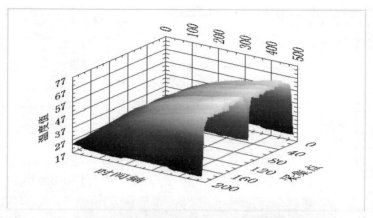

图 6.37　全部传感器历史温度曲线查询

从 2013-6-9 到 2013-6-9,70 的变化趋势图

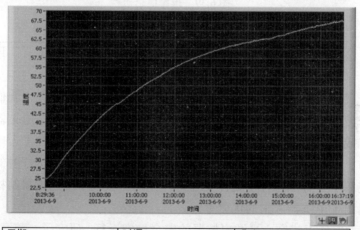

| 日期 | 时间 | 温度 |
|---|---|---|
| 2013-6-9 | 6 8:29:36 | 24.9 |
| 2013-6-9 | 6 8:30:36 | 24.8 |
| 2013-6-9 | 6 8:31:36 | 24.9 |
| 2013-6-9 | 6 8:32:36 | 25.0 |
| 2013-6-9 | 6 8:33:36 | 25.1 |

图 6.38　数据报表

#### 6.6.8.5　系统报警状态

当电抗器的温升大于专家库系统预先设定的阈值时，监控软件开始发出报警信息，提示站内人员电抗器可能存在运行故障，提示信息如图 6.39 所示。

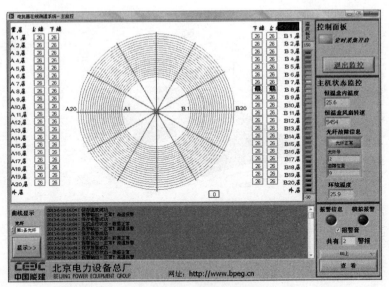

图 6.39　报警信息

# 6.7　小结

依托于《特高压直流平波电抗器技术改进及效果评估》研究,我们对该换流站运行的平波电抗器进行详细研究与分析,分析中除了包括平波电抗器的原材料的最新研究成果、平波电抗器支撑体系的创新研究、雷电冲击在多台电抗器之间的电压分布、该换流站内平波电抗器的布置方案研究、电抗器运行时的电磁场及温度场研究等多个方面进行了统计及理论研究,在验证平波电抗器结构合理性的同时,也提出了电抗器未来的优化方向。

另外,为保证干式空心平波电抗器的安全稳定运行,研究了一整套实操性好,数据稳定的在线测温系统,用于对干式空心平波电抗器的温度分布进行实时监测,避免过热对平波电抗器安全运行造成的隐患,打破了多年来干式空心平波电抗器运行时温度无法监测的瓶颈。

# 参考文献

[1] 刘振亚. 特高压直流电气设备[M]. 北京：中国电力出版社，2009.

[2] 顺特电气有限公司. 干式变压器和电抗器[M]. 北京：中国电力出版社，2005.

[3] 周勤勇，郭强，卜广全. 可控电抗器在我国超/特高压电网中的应用[J]. 中国电机工程学报，2007，27（7）：1-5.

[4] 张建兴，王轩，雷晰. 可控电抗器综述[J]. 电网技术，2006，30：269-272.

[5] 魏新劳. 大型干式空心电力电抗器设计计算相关理论研究[D]. 哈尔滨：哈尔滨工业大学，2002.

[6] 官俊军. 高压并联电抗器损耗降低与噪声控制的措施[J]. 电力设备，2006，12：15-17.

[7] 杜华珠，文习山，鲁海亮. 35kV 三相空心电抗器组的磁场分布[J]. 高电压技术，2012，38（11）：2858-2962.

[8] 江少成，戴瑞海，夏晓波. 干式空心电抗器匝间绝缘检测原理及试验分析[J]. 高压电器，2011，06：67-71.

[9] 于良中，方伟，易兆林. 树脂绝缘干式铁芯电抗器与干式空心电抗器对比研究[J]. 高电压技术，2004，08：63-64.

[10] 翟云飞. 干式空心电抗器匝间绝缘检测系统仿真与实验[D]. 大连理工大学，2011.

[11] 王瑞科，郭香福. 干式空心电抗器匝间绝缘故障对总体特性的影响及检测方法[J]. 变压器，2000，09：32-35.

[12] 陈超强，文习山，张孝军. 空芯电抗器磁场对周围设施影响的测试研究[J]. 高电压技术，2001，27（3）：19-26.

[13] 郑莉平，孙强，刘小河. 干式空心电抗器设计和计算方法[J]. 电工技术学报，2003，18（4）：81-84.

[14] 谭桂新，张德顺，郭香福. 干式空心电抗器表面放电的机理和对策[J]. 中国电力，1999，11：68-70.

[15] 汪泉第，张艳，李永明. 干式空心电抗器周围工频磁场分布[J]. 电工技术学报，2009，24（1）：8-13.

[16] 肖冬萍. 特高压交流输电线路电磁场三维计算模型与屏蔽措施研究[D]. 重

庆：重庆大学，2009.

[17] 吴昊. 基于线路雷电流波形特征的雷击故障定位及雷电参数反演研究[D]. 重庆大学，2014.

[18] International Commission on Non-Ionizing Radiation Protection (ICNIRP). Guidelines for limiting exposure to time varying electric，magnetic and electromagnetic fields (up to 300 GHz) [J]. Health Physics,1998,74(4): 494-522.

[19] International Commission on Non-Ionizing Radiation Protection (ICNIRP). Guidelines for limiting exposure to time varying electric，magnetic and electromagnetic fields (1Hz–100kHz) [J]. Health Physics, 2010,99(6): 818–836.

[20] International Commission on Non-ionizing Radiation Protection (ICNIRP). Guidelines on Limits of Exposure to Static Magnetic fields[D]. Health Physics, 2009, 96(4): 504-514.

[21] 国家环境保护总局. 500kV 超高压送变电工程电磁辐射环境影响评价技术规范[S]. 北京：中国环境科学研究院，1999.

[22] 周兵，裴春明，倪园，等. 特高压交流变电站噪声测量与分析[J]. 高电压技术，2013，39（6）：1447-1453.

[23] 卞玉萍，康宇斌. 红外、紫外检测技术在特高压输电线路线路中的应用[J]. 华北电力技术，2012，2：23-26.

[24] （苏）卡兰塔罗夫，采伊特林著. 电感计算手册[M]. 北京：机械工程出版社. 陈汤铭，刘保安等译. 1992：208-372.

[25] 罗垚，陈柏超. 空心矩形截面圆柱线圈自感计算的新方法[J]. 电工技术学报，2012，27（6）：1-5.

[26] 李永明，徐禄文，俞集辉. 35kV 干式空心电抗器下工频磁场抑制[J]. 高电压技术，2010，36（12）：2960-2965.

[27] 陈莉铭，杜忠东，文习山. 顺德 110kV 变电站电磁环境测量与分析[J]. 高电压技术，2002，28（7）

[28] 毛启武，曾庆赣. 空心与铁芯电抗器工频磁场测量与分析[J]. 高电压技术，2003，29（4）：49-50.

[29] 魏新劳，麻森. 多层并联空心电力电抗器磁场的解析计算方法[J]. 变压器，1993，30（2）：12-15.

[30] 张秀敏，苑津莎，崔翔. 用棱边与节点有限元耦合的 E-E-Ψ 法计算三维涡流场[J]. 中国电机工程学报，2003，23（5）：70-74.

[31] 肖冬萍，何为，石小波. 有限宽金属平板对工频磁场的屏蔽[J]. 电机与控制

学报，2008，12（1）：42-46.

[32] 段慧青，何为，肖冬萍. 基于解析数值法的配电房母排磁场屏蔽[J]. 电工技术学报，2008，23（8）：13-17.

[33] 段海滨，张祥银，徐春芳. 仿真智能计算[M]. 北京：科学出版社，2011.

[34] 崔挺，孙元章，徐箭. 基于改进小生境遗传算法的电力系统无功优化[J]. 中国电机工程学报，2011，31（19）：43-50.

[35] 侯云鹤，鲁丽娟，熊信艮. 改进粒子群算法及其在电力系统经济负荷分配中的应用[J]. 中国电机工程学报，2004，24（7）：95-100.

[36] 黄玲，文习山，蓝磊. 基于改进遗传算法的特高压绝缘子均压环优化[J]. 高电压技术，2009，35（2）：218-224.

[37] 司马文霞，杨庆，孙才新. 基于有限元和神经网络方法对超高压合成绝缘子均压环结构优化的研究[J]. 中国电机工程学报，2005，25（17）：115-120.

[38] 夏天伟，曹云东，金巍. 干式空心电抗器温度场分析[J]. 高电压技术，1999，25（4）：86-88.

[39] 赵海翔. 干式空心电抗器平均温升的拟合计算法[J]. 变压器，1999，36（12）：7-9.

[40] 叶占刚. 干式空心电抗器的温升试验与绕组温升的计算[J]. 变压器，1999，36（9）：6-11.

[41] 郭香福，郝文光，章忠国. 特高压干式空心平波电抗器的耐热性能与温升限值[J]. 变压器，2009，46（4）：47-51.

[42] 安利强，王璋奇，唐贵基. 干式电抗器三维温度场有限元分析与温升实验[J]. 华北电力大学学报，2002，29（3）：75-78.

[43] 刘志刚，耿英三，王建华. 基于流场—温度场耦合计算的新型空心电抗器设计与分析[J]. 电工技术学报，2003，18（6）：59-63.

[44] 刘志刚，王建华，耿英三. 基于耦合方法的干式空心阻尼电抗器温度场计算[J]. 西安交通大学学报，2003，37（6）：622-625.

[45] 张宇姣，秦威南，刘文俊. 基于耦合场数值计算的电抗器通风结构改进[J]. 高压电器，2014，50（8）：62-67.

[46] 丁树业，孙兆琼. 永磁风力发电机流场与温度场耦合分析[J]. 电工技术学报，2012，27（11）：118-124.

[47] 丁树业，郭保成，孙兆琼. 永磁风力发电机通风结构优化及性能分析[J]. 中国电机工程学报，2013，33（9）：122-128.

[48] 孔晓光，王凤翔，邢军强. 高速永磁电机的损耗计算与温度场分析[J]. 电工

技术学报，2012，27（9）：166-173.

[49] 王黎明，汪创，傅观君. 特高压直流平波电抗器的复合支柱绝缘子抗震特性 [J]. 高电压技术，2011，37（9）：2081-2088.

[50] 韩辉，吴桂芳，瞿雪弟. 我国±500kV 换流站设备可听噪声的测量分析及降 噪措施[J]. 电网技术，2008，32（2）：38-41.

[51] 黄莹，黎小林，毕礼猛. 高压直流换流站可听噪声的先期治理[J]. 南方电网 技术，2011，5（4）：19-23.

[52] 张林，孙刚，沈加曙. 电抗器隔声罩设计和试验研究[J]. 哈尔滨工程大学学 报，2007，28（12）：1352-1355.

[53] 马宏彬，何金良，陈青恒. 500kV 单相电力变压器的振动与噪声波形分析 [J]. 高电压技术，2008，34（8）：1599-1604.

[54] 郭磊，李晓纲，樊东方. 干式电抗器状态检测技术综述[J]. 电力电容器与无 功补偿，2013，34（5）：51-54.

[55] 张仲先. 500kV 高压并联电抗器故障实例[J]. 高电压技术，2000，26（4）： 75-77.

[56] 张海燕. 高岭换流站 110kV 交流滤波电抗器两起过火故障分析[J]. 变压器， 2010，47（4）：69-71.

[57] 李胜川，崔文军，于在明. 500kV 变电站干式并联电抗器故障分析与建议 [J]. 变压器，2010，47（10）：69-73.

[58] 付炜平，赵京武，霍春燕. 一起 35kV 干式电抗器故障原因分析[J]. 电力电 容器与无功补偿，2011，32（1）：59-62.

[59] 苗俊杰，姜庆礼. 500kV 变电站 35kV 干式电抗器故障分析[J]. 电力电容器 与无功补偿，2012，33（2）：65-69.

[60] 崔志刚. 干式空心并联电抗器故障原因分析探讨[J]. 变压器，2012，49（3）： 61-63.

[61] 张科，原会静，郭磊. 换流站交流滤波电抗器故障分析[J]. 电力电容器与无 功补偿，2013，34（1）：74-79.

[62] 韩旭，段晓波，贾萌. 补偿电容器和串联电抗器的故障分析及整改措施[J]. 电 力电容器与无功补偿，2013，5：75-80.

[63] 田应富. 变电站干式电抗器故障监测方法研究[J]. 南方电网技术，2010，4： 60-63.

[64] 吴冬文. 35kV 干式电抗器温度场分布及红外测温方法研究[J]. 变压器，2013， 50（9）：62-65.

[65] 饶明忠，谭邦定，黄建．棱边有限元法及其在涡流计算中的应用[J]．电工技术学报，1993（2）：8-11．

[66] 饶明忠，谭邦定，黄建．电磁场计算中的棱边有限元法[J]．中国电机工程学报，1994，14（5）：63-69．

[67] 张秀敏，苑津莎，程志光．电磁场数值分析中棱单元矢量插值函数的研究[J]．电工技术学报，2003，18（2）：62-67．

[68] 张秀敏．棱边有限元法的理论研究及其在工程涡流计算中的应用[D]．北京：华北电力大学，2004．

[69] 段海滨，张祥银，徐春芳．仿真智能计算[M]．北京：科学出版社，2011．

[70] 彭春华，相龙阳，刘刚．基于支持向量机和微分进化算法的风电机优化运行[J]．电网技术，2012，36（4）：57-62．

[71] 吕宝春，路洁广．CKK-9600-110-12 空心电抗器出厂试验报告[R] 北京：北京电力设备总厂，2014．

[72] 陶文铨．数值传热学（第二版）[M]．西安：西安交通大学出版社，2001．

[73] 宋厚彬．基于多场耦合计算的水轮发电机冷却通风特性分析与优化[D]．哈尔滨：哈尔滨理工大学，2014．

[74] 孔祥谦．有限单元法在传热学中的应用（第二版）[M]．北京：科技出版社，1998．

[75] 南日山，张东，李伟力．凸极同步发电机空载下的气隙磁场波形特征系数及转子温度场的数值计算[J]．大电机技术，2003，4：23-26．

[76] 丁树业．大型大电机定子复杂结构内流体流动与传热特性的研究[D]．哈尔滨：哈尔滨理工大学，2008．

[77] 杨世铭，陶文铨．传热学（第四版）[M]．北京：高等教育出版社，2006．

[78] 中国气象局．台风业务和服务规定（第四次修订版）[M]．北京：气象出版社，2012．

[79] 机械工程手册、电机工程手册编辑委员会．机械工程手册（第二版）[M]．北京：机械工业出版社，1997．

[80] 曹树谦，张文德，萧龙翔．振动结构模态分析：理论、实验与应用[M]．天津：天津大学出版社，2001．

[81] 何鹄环．永磁有刷直流电动机电磁振动与噪声的分析[D]．上海：上海交通大学，2012．

[82] 杜功焕，朱哲民，龚秀芬．声学基础（第三版）[M]．南京：南京大学出版社，2012．

[83] 盛美萍，王敏庆，孙进才．噪声与振动控制基础[M]．北京：科学出版社，2001．

[84] （澳）M．P．诺顿．工程噪声和振动分析基础[M]．盛元生译．北京：航空工业出版社，1993．

[85] 曹涛，汲胜昌，吴鹏．基于振动信号的电容器噪声水平计算方法[J]．电工技术学报，2010，25（6）：172-177．

[86] 中华人民共和国国家质量监督检验检疫总局．GB/T 25092-2010 高压直流输电用干式空心平波电抗器[S]．北京：中国标准出版社，2010．

[87] 环境保护局．GB 12348-2008 工业企业厂界环境噪声排放标准[S]．北京：中国环境科学出版社，2008．

[88] 邓建钢，王立新，聂德鑫．内置光纤光栅油浸式变压器的研制[J]．中国电机工程学报，2013，33（24）：160-167．

[89] 李然．红外测温技术与变电站图像监控系统的融合研究与实现[J]．电网技术，32（14）：80-84．

[90] 邓建钢，郭涛，徐秋元．变压器绕组测温光纤光栅传感器设计及性能测试[J]，高电压技术，2012，38（6）：1348-1354．

[91] 李成榕，马国明．光纤布喇格光栅传感器应用于电气设备监测的研究进展[J]．中国电机工程学报，2013，33（12）：114-122．

[92] 巩宪锋，衣红钢，王长松．高压开关柜隔离触头温度监测研究[J]．中国电机工程学报，2006，26（1）：155-158．

[93] 李强，王艳松，刘学民．光纤温度传感器在电力系统中的应用现状综述[J]．电力系统保护与控制，2010，38（1）：135-140．

[94] 祁耀斌，吴敢锋，王月明．电力电缆光纤光栅实时在线测温传感器优化设计[J]．中南大学学报（自然科学版），2011，42（11）：3415-3420．